北疆滴灌葡萄水肥盐调控研究与实践

BEIJIANG DIGUAN PUTAO

SHUIFEIYAN TIAOKONG YANJIU YU SHIJIAN

刘洪光 等 著

U0398045

中国农业出版社

农村读物出版社

北 京

作者简介
ZUOZHE JIANJIE

　　刘洪光，男，1980年出生，博士，正高级实验师。主要从事干旱区土壤盐渍化治理、水肥耦合作用机理、绿洲农业高效用水理论等方向的研究，主持和参加国家自然科学基金项目3项，主持"十三五"国家重点研发项目专题1项，承担国家、省（部）级和大学课题22项；发表论文35篇，其中SCI论文13篇、EI论文3篇，授权发明专利8项、实用新型专利12项，出版科技专著2部；荣获新疆维吾尔自治区"天山英才"、兵团青年五四奖章、兵团农业现代化积极分子、兵团科技进步奖3项、石河子大学"3152"拔尖人才。

著 者 名 单

刘洪光　李　玲　乔　翔　章　垚　田如梦
杨昌昆　夏汉基　张　茜　郭亚茹　李智杰
靳　华

前言
FOREWORD

新疆维吾尔自治区位于中国西北内陆，是中国陆地面积最大的省级行政区；新疆地区降雨稀少，昼夜温差大，日照时间充足，得天独厚的自然条件使新疆成为瓜果之乡，尤其新疆葡萄驰名中外。作为中国第一葡萄产区，新疆葡萄种植面积达到 $14.39 \times 10^4 \mathrm{hm}^2$，产量超过 $270.57 \times 10^4 \mathrm{t}$，葡萄种植面积和产量均占全国的 20％ 以上，葡萄产业成为新疆农林经济的重要支柱之一。然而，由于新疆水资源紧缺和土壤盐渍化问题，在传统漫灌种植模式下，灌溉水资源利用效率降低、土壤次生盐渍化加剧、土壤肥力流失和板结严重等情况日益严峻，致使新疆葡萄每年减产超过 20％，因此，在农业高质高效的总体要求下，葡萄种植需要提高水肥利用效率，同时提高产量和品质。

在节水灌溉示范基地建设过程中，新疆葡萄种植结合节水高效模式也得到迅速发展，灌溉水利用效率提高，葡萄产量品质和经济效益增加。但在实际运用中仍存在一些问题：首先，滴灌技术可以起到明显的节水作用，但滴灌湿润区域有限，加剧了土壤次生盐碱化；其次，多年生果树葡萄根系在空间上分布广，需要更大的灌溉湿润区为根系生长和营养汲取提供适宜环境，仅滴灌不能完全适应葡萄根系生长需要；最后，在管理过程中，人们仍然存在通过高水高肥措施实现高产的陈旧管理模式，而对水肥对作物生长存在激励-拮抗双重耦合效应认识不足，阻碍区域内葡萄种植业提质增效和可持续发展。

基于当前新疆葡萄种植面临的诸多问题，需要从多维角度探索高效、科学、完整的葡萄种植管理新模式。本文提出了开沟种植模式与膜下滴灌技术有机结合的葡萄种植新模式，其中，开沟处理能优化水分运动路径，增加垂直入渗深度，促使葡萄根系处于土壤下部、膜外积盐区处于上部，进而实现根系生长区与土壤脱盐区相分离。除此以外，考虑到葡萄种植新模式下土壤空间变异性和水盐运移复杂性加剧，本文连续监测大田试验下不同开沟模式和覆膜滴灌定额处理组的土壤温度、水分、盐分指标，以及测定作物根系生长响应；基于优选的开沟模式，进一步监测大田试验下不同灌溉定额和施肥设计处理的葡萄氮素吸收和生理生长变化，明确灌溉施肥处理下土壤水盐运移规律、作物生理生长响应特征、植株水肥利用效率等科学问题，深入探索滴灌葡萄生理生长与水肥盐相互作用机制，最后优选出开沟覆膜滴灌葡萄种植新模式下科学水肥管理方案，可为新疆绿洲农业葡萄种植提供理论依据和大田管理参考，对进一步完善节水灌溉技术体系、保障干旱区绿洲经济社会与环境和谐发展具有重要意义。

本书内容先后得到国家自然科学基金项目"重盐碱地葡萄水盐养分运移机理与调控研究（U1403183）"、国家自然科学基金项目"膜下滴灌农田暗管排水技术土壤水盐运动机理研究（51669029）"、国家自然科学基金-新疆联合基金重点项目"干旱区膜下滴灌农田生态系统水盐与养分运移及环境效应"、国家"十三五"重点研发计划"新疆干旱区盐碱地生态治理关键技术研究与集成示范（2016YFC0501402）"等的资助，通过近6年的研究和工作，在盐碱地滴灌葡萄土壤水盐养分运动机理与调控问题等方面取得一些突破和成果。

本书由刘洪光、李玲统稿，具体参与本书著作的还有乔翔、章垚、田如梦、杨昌昆、夏汉基、张茜、郭亚茹、李智杰等。本书还参考了其他单位和个人的研究成果，均在参考文献中标注，在此谨向所有参考文献的作者表示衷心的感谢。在本书成稿之际，向所有为本书出版提供支持和帮助的同仁表示衷心的感谢。由于研究条件、研究时间、研究经费有限，相关研究仍需要进一步深入开展。同时，受学识视野和水平所限，书中难免有疏漏和不妥之处，敬请同行专家和读者批评指正。

作　者
2022年1月1日

目 录
CONTENTS

前言

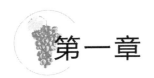

第一章

绪　　论

第一节　研究意义与目的

我国用不到世界 1/10 的耕地和 6％的淡水资源产出了世界 1/4 的粮食，养活了世界近 1/5 的人口，2020 年我国的粮食人均占有量达到 474.00kg，高于世界平均水平，农业发展取得长足进步[1]。同时，我国也面临耕地紧张、水资源短缺的基本国情，这一国情决定了我国农业需要走提高土地产出量的道路才可以保证我国的粮食安全[2]。因此，农业高效用水研究领域的目标应由追求高水、高肥、高产，向控水减肥、优质高效、绿色生态方向转变[3]。

盐碱土壤在世界范围内分布十分广泛，我国盐碱地总面积超过了 $3.50 \times 10^7 hm^2$，耕地中盐渍化面积达到 $9.21 \times 10^6 hm^2$，占全国耕地面积的 6.62％[4]。新疆地处内陆干旱区，降水量小，蒸发量大，土壤含盐量大。数据显示[5]，新疆国土面积为全国的 1/6，但水资源总量不足全国的 1/25，新疆灌区盐渍化面积占灌区耕地总面积的 32.07％，其中，轻度、中度、重度盐渍化耕地分别占盐渍化耕地总面积的 49％、33％、18％。盐碱地也是一种重要的土地资源，可以作为耕地的战略储备，在我国尚有 80％左右的盐碱地未得到开发，即使已经开发利用的，由于其土壤质量差、生产力水平低，依然是我国最主要的中低产土地类型之一[6]。合理有效地持续利用盐碱地资源已成为关系到经济社会发展、国家粮食安全的重要课题。

为了解决新疆地区水资源短缺、土壤盐渍化严重的问题，1996 年新疆生产建设兵团引进并创造性地发展了膜下滴灌技术，薄膜的覆盖在土壤和大气界面之间形成了隔断，阻碍了土壤水分向大气的蒸发散失，土壤水分在膜下出现冷凝，水分结成水滴后滴入土壤，土壤水分蒸发受到阻碍，也保存了热量，使膜下土壤始终保持适于作物生长的含水量，膜下滴灌技术的使用可显著提高作物产量及水分利用率[7-8]。自新疆生产建设兵团采用膜下滴灌技术以来，仅膜下滴灌棉花面积从最初的 $1.67 hm^2$ 扩大到 2017 年的 $3.00 \times 10^6 hm^2$[9]。膜下滴灌番茄实现增产 2 倍左右[10-14]。然而，膜下滴灌技术仍然是局部灌溉的一种，在滴头作用下形成根层脱盐区，保证作物的正常生长，在根系吸水与蒸发共同作用下，使之前被淋洗到耕作层下方的盐分受到第二年耕作的影响重新分布[15]。随着膜下滴灌技术大面积的实施，农田由"漫灌排水"演变成"滴灌无排"，引起了水盐平衡关系的新变化，土壤次生盐渍化的治理也面临新的风险与挑战[9,16-17]。因此，面对盐碱地水盐新变化，需研究与之配套的土壤盐渍化治理新理论、新技术和新方法。

新疆是我国优质的葡萄产区之一，该区葡萄的种植面积和产量都占全国的20%以上，目前漫灌葡萄灌溉定额超过1 000m³/亩，每年因为缺水和盐碱导致葡萄减产超过20%，接近5.41×10⁸kg，损失巨大[18]。适宜的耕作模式可提高土壤含水量和水分利用率，为作物生长创造良好的生长环境[19]。沟灌作为传统的地面灌溉方式，在农业生产中应用广泛。李波等[20]研究发现，覆膜沟灌可以降低作物棵间蒸发，减少耗水量，促进作物生长并提高经济效益。宽垄覆膜沟灌技术能提高肥料的有效利用[21]，促进玉米的生长发育[22]，在半干旱区域有利于雨水的收集灌溉[23]，达到节水高产的目标。因此，新疆葡萄种植可以选用开沟种植模式结合覆膜滴灌技术，在作物和盐碱之间开辟一个通道，为盐碱创建一个存在空间，将盐碱调节到作物根系区域以外，从而达到盐碱与土壤局部分离、满足作物生长需求的目标。

滴灌条件下的土壤水盐运移受灌水量、灌水频率、蒸发强度、土壤质地、地下水位及水质、耕作措施等多种因素的影响[24]。不同的滴头流量在同样质地的土壤中会形成不同形状的湿润体，有效湿润体的范围需要与植物根系分布深度一致才能让植物更好地吸收水分，所以不同作物需要不同滴头流量和滴头间距作为滴灌系统设计的参数。随着计算机的发展，计算机模型已经成为研究土壤水盐运移问题的重要手段。HYDRUS模型软件被广泛地应用，运用软件分析可以更加准确和便捷地掌握滴灌条件下的水盐运动情况，为生产实践提供指导。

农业生产中，肥料是作物生长发育过程中的重要影响因子。大量研究表明[25-27]，施用化肥使得我国粮食增产40%～60%。统计资料[28]表明，1978—2016年我国的化肥用量大幅度增加，农用化肥施用量虽有小幅度下降，但作物总产量的增长幅度较小；肥料施用过量会破坏农业耕地土壤结构，加速养分流失，造成土壤严重板结和土壤环境次生盐碱化；大量施用肥料并没有达到预定增产的目的，反而造成了肥料的浪费，也给环境带来了严重的污染。目前，现代农业生产的主要限制因素之一就是水肥利用率较低，在保证肥料用量不增加的前提下，如何利用有限的水量提高水肥利用率是一个亟待解决的问题。因此，通过对水分和肥料之间的耦合机理进行深入研究，实时调控水分和肥料的用量，使水肥产生激励作用，实现"以水促肥"和"以肥促水"肥水协调的目标，是使农业生产达到节水节肥和高产优质的主要措施之一，也是摆脱我国农业发展困境的主要途径之一。

本书拟通过长期大田试验和软件模拟，探索开沟与滴灌结合的葡萄新种植模式下土壤水分、温度和盐分的变化特征，优选开沟滴灌葡萄种植模式和灌水制度，基于此进一步研究水肥耦合作用下土壤水盐分布、植株氮素积累分布、土壤氮素转化规律和作物生理生长（根系、蒸腾呼吸、产量等）深层响应机理，旨在构建适宜的开沟滴灌葡萄的水肥管理模式，为北疆重要经济作物葡萄种植业发展规模化、绿色化提供理论依据和实践参考，有利于进一步完善节水灌溉技术体系，保障干旱区绿洲经济社会与环境和谐发展。

第二节 国内外研究进展

一、覆膜滴灌技术研究进展及应用

20世纪80年代新疆就展开葡萄滴灌方面的试验研究，90年代开始了较大规模的葡萄滴灌技术的示范工程建设，目前滴灌葡萄在新疆地区得到了广泛应用。

1. 覆膜滴灌技术应用

（1）我国覆膜滴灌技术应用历程

随着我国人口增长，粮食需求不断增加、土地和水资源日益紧张，迫使我国加快推进农业节水技术的研究与应用。从1974年，我国开始引进滴灌技术并进行试验。覆膜栽培技术1955年开始于日本，随后在法国、美国、意大利和苏联等国也相继被采用，1979年开始应用于我国的农业生产。经过多年曲折发展，于1996年在新疆生产建设兵团第八师（原农八师，隶属于沙湾县炮台镇），将薄膜覆盖栽培与滴灌技术相组合形成了膜下滴灌技术，并开展了相关的田间试验进行研究与应用，取得了成功，试验结果表明膜下滴灌技术节水增产效果十分明显[7,29]。随之我国又自主开发出了一次性回收滴灌带，使滴灌带的成本降低了50%以上，从此真正拉开了膜下滴灌技术在新疆快速发展的大幕[30-32]。经过20年发展，仅膜下滴灌棉花面积从最初的 $1.67hm^2$ 发展到2017年的 $3.00 \times 10^6 hm^2$。在膜下滴灌推广应用的过程中，学者们开始对膜下滴灌的节水机理、水盐运动、灌溉制度、灌水均匀度等问题进行研究，进一步推动节水事业的发展[9,33-34]。

（2）膜下滴灌的节水机理

薄膜覆盖将田间水分循环变成膜下水分小循环，水分不断在膜面凝结成水滴后滴入土壤，膜下的空气虽不饱和，但始终保持相当高的湿度，使蒸发受到抑制，增加土壤水分并抑制土壤盐分上升[35-37]。覆膜技术也改变了大水漫灌的传统模式，在膜下滴灌之前，漫灌引发的地面水分无效蒸发和深层渗漏造成大量浪费，而膜下滴灌技术实现了由浇地转换成了浇作物，实现了精准灌溉[38-40]。李富先等[41]试验表明，膜下滴灌改变了田间灌溉水的移动路径，使膜下土壤盐分不易因为蒸发上升到土壤上层。多年的实验表明，膜下滴灌棉花的灌水量仅为 300～400m³/亩*，比常规灌溉降低一半，棉花根区脱盐，棉花产量可提高 30%～50%；其他研究也表明，膜下滴灌番茄也可增产 2 倍左右[10-14]。

（3）膜下滴灌灌溉制度研究

研究大田作物合理的灌溉制度，在于寻求使得作物灌溉消耗最少的水量，得到质量、品质、水分利用率较好的结果[42]。Kang 等[43]在新疆干旱区的棉花种植基地，利用土壤张力计监测不同深度的基质势，进而调控生育期内棉田的灌水量，研究棉花合理的灌溉定额，发现控制土壤吸力为 20～30kPa 时，棉田可以得到较好的产量。Marouelli 等[44]利用张力计系统对巴西蔬菜、水果及加工番茄的不同生长阶段的灌溉管理进行预报，进而研究作物的灌溉制度。Yazar 等[45]以 A 级蒸发皿的蒸发量作为灌溉决策的参考，研究低压精量灌溉和滴灌棉花的灌溉制度，结果表明通过蒸发皿进行灌溉预报，水分生产率可以提高到 0.813kg/m³[46]。Zeng 等[47]研究了沟灌和滴灌两种灌溉条件下黏土、壤土和砂壤土的土壤导水率随时间的变化，并测定了 4—9 月的作物系数，为制定灌溉制度提供依据。马富裕等[48]在大田进行了两年的膜下滴灌棉花高产试验研究结果显示，实行"小灌量，短周期"的灌溉制度，可确保棉花稳产高产，提高棉花水分利用率。张西平等[49]通过对膜下滴灌条件下日光温室黄瓜灌溉制度的试验表明，在膜下滴灌条件下，日光温室夏黄瓜结果期适宜的耗水量应为 100mm 左右。Prasad 等[50]首先将彭曼公式用于当地作物需水量的计算，其次针对九种不同的作物，用 D-K 模型推导出其适用的水分生产函数，用确定型动态规划方法对全生育期和各生育阶段的水资源进行优化配置，通过产量计算年度净效益，探求到九种不同作物的合理灌溉水量。

2. 覆膜滴灌的水盐运动运移规律研究

盐碱土壤水、盐、热耦合迁移的过程实际上是溶质随水分迁移、温度与水的相互作用或者水分、溶质、温度直接相互影响的过程，水分运动是溶质对流弥散和温度势梯度分布的基础[51]。自 1856 年达西建立了饱和土壤渗透的达西定律以来，土壤水分运动规律经过 160 多年研究已较成熟，但是由于土壤的复杂性，土壤中的溶质规律研究还没有完全成熟，主要还是建立泛定方程、采用定边界条件的方法得到数值解来解决溶质的对流弥散问题，鲜有解析解[52]。其中，膜下滴灌条件下土壤水、盐、热耦合迁移机理研究是近年来土壤溶质研

---

* 亩为非法定计量单位，1 亩＝1/15hm²。——编者注

究方面的重要内容。

（1）土壤水分运动理论

在土壤水分循环系统中，灌溉和降雨为土壤带入水分，蒸发和蒸腾消耗土壤水分，土壤中的水分始终处于复杂的运动过程中。早期土壤水分运动研究，都以物理学毛细现象解释水分运动，将水分驱动力归结为毛细力，但后来研究发现毛细力仅是土壤水分的受力之一，并不是水分运动的唯一驱动力。事实上，土壤水分如同其他物质一样，具有不同形式和数量的能态，但由于土壤水分运动速度非常缓慢，一般不计其动能，只考虑它的势能。Buckingham 于1907 年最先将能量概念引入土壤水，提出了土水势理论[53]。土水势包括重力势、基质势、溶质势、温度势和压力势等分势，根据热力学第二定律，土壤水总是由势能高处向势能低处运动。随着土壤能态学的发展，利用数学方法来定量描述土壤水分运动的研究愈来愈深入[51]。目前普遍采用达西定律来描述土壤水分运动特征。达西定律是达西于 1856 年通过饱和砂层的渗透试验提出的，基本理论是水流通量与水力梯度成正比；以此为基础，Richards 于1931 年将达西定律引入非饱和土壤水分运动研究，创造性地将导水率视为土壤含水量或土壤基质势的函数，来描述非饱和土壤水分运动，得出了非饱和土壤水分运动的达西定律，并与质量守恒定律结合，导出了土壤水分运动的基本方程：

$$\frac{\partial \theta}{\partial t} = \frac{\partial}{\partial x}\left[K(\theta)\frac{\partial \varphi_m}{\partial x}\right] + \frac{\partial}{\partial y}\left[K(\theta)\frac{\partial \varphi_m}{\partial y}\right] + \frac{\partial}{\partial z}\left[K(\theta)\frac{\partial \varphi_m}{\partial z}\right] \pm \frac{\partial K(\theta)}{\partial z}$$

$$(1-1)$$

式中：$K(\theta)$ ——土壤非饱和导水率，cm；

θ ——土壤体积含水量；

φ_m ——土壤基质势，cm；

x、y ——水平坐标，cm；

z ——纵向坐标，cm。

土壤水分运动基本方程的成功推导，促使土壤水分运动研究由经验走向机理、定向走向定量、静态走向动态，土壤水分运动理论研究有了长足的发展。

（2）水盐运动的数值模拟研究

土壤水盐运移的物理过程包括对流、扩散、机械弥散、离子的交换吸附以及盐分离子随薄膜水的运动等过程，研究滴灌处理下土壤水盐迁移规律的田间试验检测技术普遍具有周期长、成本高、受外界环境因素影响大和时空条件变化等特点[54-57]，且田间试验想得出较为精准的结论，需取得大量的土壤样本来消除试验数据的不稳定性[58-60]。相对田间试验观测，数值模拟需投入的人力、物力及时间成本较低且可针对不同环境分析，模型模拟分析成为研究膜下滴灌条件下土壤水盐运移及区域灌溉管理措施制定和评估的一个重要方法[16,61-62]。随着计算机技术的提高，越来越多的通用软件被开发出来，数值模拟作为研究土壤水盐运移的一种手段被广泛地应用[37,63-65]，尤其饱和-非饱和数值模拟研究发展迅速。

国内外常用的模拟饱和-非饱和水流和溶质运移的模型主要有 HYDRUS - 1D、HYDRUS - 2D、FEFLOW、SWMS、NPTTM 等[64,66-71]。在实际模拟过程中选择的计算区域往往会面临各种各样的边界条件设置的问题，如何准确甄别边界条件类型，选择适合模拟区域的模型，并以合适的数量关系描述边界上的水力特征尤为重要[72-73]。目前，HYDRUS - （2D/3D）有限元计算机模型应用比较广泛，它可以模拟土壤水流及溶质二维和三维运动，计算过程中可以根据实际情况选择水流边界，建立不同初始条件，软件输入输出功能灵活，可以用来描述田间水盐动态运动。在国外，El - Nesr、Simunek、Skaggs 等[38,74-77]都采用 HYDRUS 软件进行模拟研究且得到了较好的模拟效果。国内的学者王全九、单鱼洋、虎胆·吐马尔白、齐智娟等[62,64-65]也采用该软件进行水盐运动的数值模拟，得出了理想结论，并在一定程度上指导了大田的生产。

3. 覆膜滴灌对作物根系发育的影响

根系是作物从土壤吸收水分、养分的主要器官，作物对水分和养分吸收能力及产量的构成与根系生长分布关系密切，土壤水分是影响作物根系生长发育的关键因素，土壤水分状况可调节根系生长，并调控地上部生长及产量形成[78-79]。在一定范围内适宜的土壤含水量可促进植株根系的生长和发育[80]，水分亏缺或水分供应超出根系正常生长所需的限度都会对植株根系数量、分布及生理活性产生影响，导致植株根系生长异常，进而影响地上部的生长发育[81]。土壤水分含量的多少、纵向界面和横向区域不同的土壤水分分布会影响根系的构型、分布和生理特性的变化，进而影响植株地上部的生长发育[82-84]。一般农田的水分保持在田间持水量的 70%～75% 时有利于根系的生长发育，土壤含水量过大或过小，都会降低植株根长密度、根质量密度及根系吸收面积等指标[85]。前人研究认为在土壤水分胁迫条件下，植株根系会发生形态分布或生理特征上的变化以适应水分胁迫[86-88]。杜太生、毛娟、于坤等[89-91]研究干旱区滴灌葡萄的根系生长规律，并通过分析葡萄的根质量密度、根长密度等指标进一步探索水分与根系的相互作用关系。滴灌技术作为一项重要的农艺改进措施，对植株根系正常的生长发育影响非常显著，膜下滴灌技术使 90% 以上的棉花根系集中在耕作层，有效降低根冠比，打破了"高产需要庞大根系来支撑"的传统观念[92]。Ning 等[93]研究了膜下滴灌条件下不同灌水量、灌溉水含盐量和施肥量对棉花根长密度的影响及共同作用，并且利用指数函数模型拟合了水肥盐影响下棉花生育期根长生长指标随剖面深度的变化关系。土壤水分在不同空间的差异性和适宜含水量的持续性也会由于横向和纵向区域的不同而对根系分布有较大影响[9,94]。植物的根长和根质量随土壤深度的增加而递减的指数分布模型，大概类似倒置锥体，这一锥体的特征值受环境因素影响较大。一般情况下，当有水分轻度胁迫时，下层根系量大，根总量、根密度等所占比例明显增加，根系锥体模型随深度的增加衰减缓慢[95]。王文静等[96]在西北干旱区利用控制性交替灌溉对葡萄根系生长特点进行研究，结果表明交替灌溉增加了葡萄的根系总量，促进根系下扎，提高根系吸水能力，进而抗寒、御旱能力增强[90]。孙三民等[97]研究表明，灌溉深度对枣树根系的数量与活力有直接影响。通过调节土壤水分，可以使作物根系具有更好的生理性能，进而有更多产量和更好品质。

4. 覆膜滴灌对土壤温度的影响

土壤温度是土壤环境的重要参数之一，作为影响作物生长的重要因素，其对作物的影响机制一直是研究的重点。土壤热量主要源自太阳辐射，土壤热量收支和热性质的不同导致了温度的变化。膜下滴灌条件下，土壤中的热量分布规律与传统的大水漫灌相比，呈现出不同的时间和空间规律[98]，膜下滴灌棉田土壤温度受气象条件、土壤水分、地膜及棉株覆盖共同作用[99]。陈丽娟等[100]研究了不同水分亏缺水平对土壤温度变化特征的影响，结果表明不同水分处理对土壤温度的影响差异较大。张治等[99]通过研究膜下滴灌棉田地温时空变化规律，发现在棉花各生育阶段内导致地温变化的主要影响因子不同，地温主要影响因子在棉花苗期为覆膜，在蕾期、花铃期为植株覆盖及土壤含水量，而在吐絮期则为植株覆盖。此外，很多学者针对小麦[101]、玉米[102]、棉花[103]等作物，围绕其在不同覆盖、不同土壤管理方式和耕作措施、不同节水灌溉条件等对土壤温度的影响展开研究，取得了一系列的研究成果。土壤温度影响着植物的生育、土壤的形成和性状，土壤空气、水分的运动也与土壤温度有密切关系。李明思等[104]研究发现，适当增加土壤温度有利于促进种子发芽，保证作物出苗率。张德奇等[105]对干旱区覆膜技术研究进展进行了论述，大部分研究结果均表明覆膜对土壤温度有提升作用，最终达到作物增产目的。同时，已有研究表明，土壤中水分与温度相互影响，不同的土壤含水量下地温变化存在差异，土壤盐分运移受制于土壤水分和温度。

二、滴灌葡萄灌水模式研究与优化

在滴灌应用于葡萄的实践中发现，滴灌技术应用在葡萄上可以节水 20％～30％，但是产量受到限制，滴灌技术的增产作用没有发挥。同时，滴灌是局部灌溉，对根系的限制十分明显，当葡萄的蒸发量突然增加或者持续保持较高水平时，就十分考验根系水分运输能力，而葡萄是多年生果树，根系分布比棉花更广，在盐碱地上需要更大的脱盐区来保证根系正常生长[106]，仅仅使用膜下滴灌不能完全适应葡萄根系生长需求，因此，在膜下滴灌基础上采取开沟方式使灌溉水分更加集中，薄膜边裸露地留下一个盐分存在空间，形成的土壤脱盐范围更大。

开沟覆膜滴灌技术在膜下滴灌技术基础上增加开沟技术，原理如图1-1所示。将作物种植在膜下的垄沟里面，灌水时，滴灌湿润体随着灌水时间增加而向四周不断扩大，而滴灌湿润体内土壤盐分被溶解稀释；灌水结束后，由于覆膜的影响，膜下部分土壤蒸发量很小，膜间裸地蒸发强烈，盐分随着土壤水蒸发不断向裸地表层土埂聚集，且由于开沟形成土埂为盐碱创建一个存在空间，将盐碱更有效地调节到作物根区以外，从而达到盐碱在土壤的局部分离，满足作物的生长需求目的。刘洪光等[32]利用开沟覆膜滴灌技术在开垦生荒盐碱地上种植打瓜并对田间盐碱运移影响进行研究，发现试验5月下旬时，覆膜下方土层0～20cm含盐量均降低并且低于1g/kg；试验7月下旬，覆膜下方土层0～60cm含盐量均降低并且低于2.5g/kg；在打瓜整个生长时期，根区始终处于脱盐状态，土壤盐分向裸地土层0～30cm聚集。王怀学等[107]连续3年对苹果园起垄开沟覆膜技术进行了研究，发现每年秋季对苹果园进行起垄开沟覆盖黑膜可以拦蓄雨（雪）水，保温保墒，提高水肥利用率，节约果园管理成本，同时可促进苹果树生长，提高产量，增加苹果幼树抗寒力，有效防止抽条。

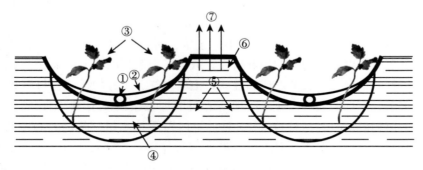

图1-1　开沟覆膜滴灌技术示意
①滴灌带　②地膜　③作物　④土壤湿润区
⑤土壤脱盐通道　⑥土壤养分累积区　⑦土壤水分蒸发

总的来看，开沟使葡萄根系处于土壤下部，膜外积盐区处于上部，可以实现根区与脱盐区相分离；开沟种植模式与膜下滴灌技术相结合，优化了水分运动路径，增加了垂直入渗深度，进而影响土壤水盐运移，为葡萄根系提供适宜的生长环境，进而促进葡萄产量和品质的提升。

三、滴灌作物的水肥耦合研究进展

水肥耦合技术就是水肥在时间、数量相互配合，促使水肥协调，实现优质高产的一种技术，其关键在于根区土壤水分和养分比例协调，促进根系的生长和分布范围的扩展延伸，土壤水分和养分得到高效利用，提高了作物叶片的光合作用和作物干物质量的积累，最终达到优质高产的目的。

1. 水肥耦合作用对作物品质的研究

水肥对作物有激励作用也有拮抗作用，合理的水肥配比有利于作物对水肥的吸收，提高水肥利用率，促进作物提质增产。在水肥不足的情况下，补水增肥均可以使增产效果明显，且水肥对产量有耦合效应[108-109]。水肥耦合对增产的影响存在一个阈值反应，当低于阈值时，无论增加水量还是肥料，增产作用都比较明显；当高于阈值时，增产作用变小[110-112]。由于土壤自然地力的差异，水肥增产效果也会有显著性差异。随着农田土壤地力提高[113]，水肥耦合时，水分的作用越来越大，且水肥耦合效应的阈值变大。也有研究表明，施肥有明显的调水作用，灌水有显著的调肥作用[114-115]。李韵珠等[116]提出供水量过高，会导致氮肥的损失比例变高，水氮利用率降低，但是当水氮比例失调也会导致类似情况。通过以上分析，不同作物和不同肥力土壤情况下，提供适当水分才能促进作物对养分的吸收利用，最终在产量上反映出来[117]。有些学者对一些具体作物的水肥耦合作用做了研究。张振文等[118]研究了节水灌溉对葡萄及葡萄酒质量的影响，Srinivas等[119]研究了在滴灌和沟灌的情况下葡萄的产量和水分利用情况。同时，还有学者开展大量试验研究了氮、磷、钾对果实品质的影响。王锐等[120]通过增施钙、镁、硫等对酿酒葡萄的水肥耦合进行研究，结果表明中微量元素能够使可溶性糖含量和可溶性固形物显著增加，同时明显降低总酸度，改善果实品质。进一步地，不少学者[112,121-125]利用联合国粮食及农业组织（FAO）推荐的 AquaCrop 模型研究水、肥、盐及土壤、气候等因素对作物产量的影响，这也是研究水肥耦合作用的手段之一。

2. 水肥耦合作用对作物生理生态的研究

水氮供应是调控作物生长和发育的重要手段，通过研究科学合理的水氮管理措施来调节作物的光合特性及光合产物的累积与分配，可有效提高农业生产力，对实现作物高产具有重要意义[126]。作物光合速率的变化强弱依赖于水分的供应[127]。在不同水分条件下[128]，施肥增加气孔导度和叶肉细胞 CO_2 同化能力，能使细胞光合活性增强，从而提高叶片的光合速率，干旱区作物受到水分胁迫会引起光合作用减弱，也是导致作物减产的一个主要原因[129]。当作物受到水分胁迫时，叶片气孔阻力明显变大，对光合作用产生不利影响[130]，但由于叶肉细胞的光合活性增强，净光合速率提高，糖分浓度增加[131-132]。

水分是作物根系发育的主要调节因素，作物根系分布与土壤水分分布范围、含水量有直接关系。合理施肥可以促进根系发育，提高根质量密度、根长密度、根尖数量等根系的特征指标值，进而提升根系的吸水能力。Loveys[133]认为施肥量和灌水量与作物根系数量、根系大小及其分布范围呈正相关关系；也有学者发现水分亏缺条件下，适宜的施氮量可以有效促进葡萄根系生长，增加根系活力及其吸收面积，降低其细胞膜受伤害率，减轻由水分胁迫造成的不良影响[134]。

3. 基于同位素示踪技术的植物水肥利用研究

植物体中稳定同位素的研究与应用起步于 20 世纪 60 年代，从氢氧同位素的使用开始，逐渐发展到碳氮同位素的使用[135-136]，应用的范围也越来越广泛。在自然界中，氮循环普遍存在比较复杂的物理、化学和生物学转化过程[137]，^{15}N同位素示踪技术为硝酸盐污染和氮素的淋溶运动轨迹研究提供了一个重要手段[138-139]。自最早利用^{15}N同位素进行硝酸盐污染研究以来，各国研究者针对土壤类型[140]、土壤有机氮矿化[141]、盆地农田井水[44]、化肥使用[142-143]等不同的科学问题开展了众多研究[144]。^{15}N同位素示踪技术研究氮素在不同生育阶段、不同部位的分配已在多种作物上广泛运用，对植物的氮素运移、分配的研究更加准确，不同水肥用量对果树养分吸收分配的影响也有了深入研究。目前，生产上通常利用^{15}N同位素示踪技术来研究植物体内氮素来源、氮肥利用率及氮肥在土壤中的分布等。在不同施肥时期，采用不同施肥措施对氮素的转化分配、吸收利用的影响研究都取得了一定的成果[145]，^{15}N同位素示踪技术能够跟踪在植物体内的氮素，这已成为植物氮素去向研究的一个重要手段，通常使用丰度和原子百分超来表示^{15}N浓度。丰度指^{15}N原子占原子总个数的百分率，用％表示。天然物质中^{15}N丰度基本固定，为 0.36％，称为^{15}N的自然本底值。同位素的原子百分超指任意同位素丰度值与自然丰度值之差，植物生长过程中吸收的氮素主要来源于土壤和肥料，由于^{15}N同位素示踪技术可以使用^{15}N独立标记氮素的运移传递路径，排除其他环境因子的干扰，在研究氮素在作物体内的转运方面更加严密，结果更加准确，具有独特优势。^{15}N同位素示踪技术通过计算各级器官吸氮量、植株总吸氮量、^{15}N原子百分超、各器官吸氮量中肥料氮的比例、各器官吸收的肥料氮量、植株吸收的肥料氮量、各器官吸收土壤氮量、氮肥利用率等指标，能够准确分辨出作物所吸收的氮素是来自肥料还是土壤，从而判断作物吸收利用氮素的来源[146]。史祥宾等[147]探讨了巨峰葡萄对氮素的吸收、分配和利用规律，各时期葡萄^{15}N的原子百分超有明显差异。^{15}N同位素示踪技术对肥料利用率的研究可以监测整株作物及不同部位的^{15}N吸收量，从而可以计算出整株作物及不同部位对肥料的利用率。管长志等[148]还研究了巨峰葡萄秋叶喷施^{15}N-尿素的利用率，研究发现喷施^{15}N-尿素的利用率为 26.09%，吸收后可运到细根，休眠期树体总^{15}N 和肥料^{15}N 都集中贮藏在根部，尤以粗根中^{15}N 为多。目前，^{15}N 同位素示踪技术的研究在大田作物如冬小麦、水稻、烟草等较多。同位素示踪技术开辟了研究水肥利用率的新途径，为进一步揭示水肥交互机理提供了方法。

四、研究进展总结与亟待解决的问题

综上所述，由国内外对盐碱地滴灌葡萄灌水模式及水肥耦合的相关研究可得出以下几点认知：

第一，本书针对常规葡萄种植模式提出开沟覆膜滴灌葡萄种植模式，开沟使葡萄根系处于土壤下部，膜外积盐区处于上部，可以实现根区与脱盐区相分离，从而满足葡萄正常生长，但对于不同灌水方式（开沟覆膜滴灌模式、常规滴灌模式和组合式滴灌模式）下葡萄果园土壤水热盐运移特征、葡萄生理生长指标响应规律（光合效应、产量等）及葡萄根系生长变化规律等内容有待深入研究。

第二，水肥耦合可以提高土壤肥力，有利于作物对水肥的吸收，提高水肥利用率，促进作物提质增产。然而对于水肥耦合中肥料在葡萄体内如何吸收转化再利用、不同水肥条件下葡萄的光合特性响应规律没有揭示，有待进一步研究。

第三，与传统灌溉相比，水肥耦合滴灌具有增产增效、水肥高效利用的优点，但是在开沟条件下，将改善土壤环境与作物相结合研究开沟滴灌技术及水肥耦合对作物-土壤系统的改善机理，探究作物提质增产的作用路径和主要推动力，是关系开沟水肥耦合滴灌作物推广应用的关键。

第三节　主要研究内容和技术路线

本研究以节水、高产、高效为目标，主要研究干旱区滴灌葡萄水肥盐交互作用、土壤水温盐变化规律、葡萄根系发育规律、氮素在土壤与葡萄中运动与转化关系、葡萄生理变化规律等内容，从而促进新疆葡萄的生产由追求高水、高肥、高产向控水减肥、优质高效、绿色生态方向发展（图 1-2）。

研究具体包含以下内容：

一是不同滴灌模式和灌水量对土壤水盐变化和葡萄品质的影响。以新疆生产建设兵团第八师田间试验为基础，对开沟覆膜滴灌、常规滴灌、组合式滴灌田块的土壤水分变化进行研究，分析不同灌水处理及开沟模式下土壤水盐变化规律，研究其对葡萄产量和品质的影响。

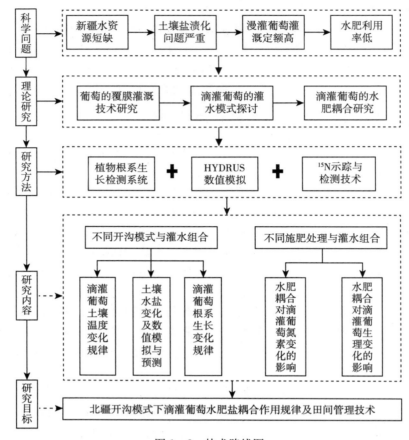

图 1-2　技术路线图

二是开沟模式和灌水量对土壤热状况的影响。以新疆生产建设兵团第八师田间试验的连续性观测资料为基础，对开沟覆膜滴灌葡萄田块的土壤热状况进行研究，分析不同灌水处理、不同开沟模式下的土壤温度变化规律，以期在土壤热量变化规律的基础上更好地指导开展农业生产实践。

三是滴灌葡萄的土壤水盐变化与数值模拟。通过定点采样及水盐自动采集系统的监测，分析滴灌葡萄的水盐变化规律，利用 HYDRUS-2D 模型建立数值模型进行模拟；借助^{15}N 同位素示踪的手段，监测^{15}N 在土壤中的运移来探索随水施肥的肥料运移规律，采用以农田灌溉结果为目标的灌水均匀度评价。

四是种植模式和灌水量对葡萄根系的影响。在葡萄生育期采用微根管法监测葡萄根系的总根长、总根比表面积、总体积、总投影面积、根平均直径等指标；采用微根管法辅助根系分析系统 WinRHIZO 软件，分析葡萄根系整个生育期的生长过程，研究种植模式和灌水量对葡萄根系的影响规律。

五是肥料的吸收转化与分配。通过滴灌施加^{15}N-尿素，以田间定点采样为主要手段，监测全氮含量和^{15}N同位素在土壤与葡萄植株的分配，研究肥料的利用率和氮肥在葡萄体内的吸收转化规律，计算^{15}N的肥料贡献率。

六是水肥对葡萄光合作用效率和产量的影响。在果粒膨大期，通过监测葡萄的气孔导度、光合速率、蒸腾速率、胞间二氧化碳浓度等光合特性指标，分析不同水肥条件下光合特性指标的变化以及水肥对光合效率的影响；通过监测葡萄的实际产量，研究水肥耦合对产量的影响。

参 考 文 献

[1] 汪懋华. 把握实施乡村振兴战略机遇 推动广东荔枝产业创新发展 [J]. 现代农业装备，2018（4）：17-21.

[2] 张云华. 中国农业已迈入高成本时代 如何提升竞争力 [J]. 农村经营管理，2017（6）：18-21.

[3] 陆红娜，康绍忠，杜太生，等. 农业绿色高效节水研究现状与未来发展趋势 [J]. 农学学报，2018，8（1）：155-162.

[4] Dudley L M, Ben-Gal A, Lazarovitch N. Drainage water reuse: biological, physical, and technological considerations for system management [J]. Journal of Environmental Quality, 2008, 37 (5): S25-S35.

[5] 乔建明，王洪军，李举文，等. 土壤盐碱地现状、改良利用及盐碱治理在新疆农业发展中的意义 [J]. 新疆农垦科技，2015，38（10）：54-56.

[6] 罗家雄. 新疆垦区盐碱地改良 [M]. 北京：水利电力出版社，1985.

[7] 李明思，刘洪光，郑旭荣. 长期膜下滴灌农田土壤盐分时空变化 [J]. 农业工程学报，2012，28（22）：82-87.

[8] 王一民，虎胆·吐马尔白，弋鹏飞，等. 盐碱地膜下滴灌水盐运移规律试验研究 [J]. 中国农村水利水电，2010（10）：13-17.

[9] 叶建威，刘洪光，何新林，等. 开沟覆膜滴灌条件下土壤水、温变化规律研究 [J]. 节水灌溉，2017（3）：1-4.

[10] Li X, Jin M, Zhou N, et al. Evaluation of evapotranspiration and deep percolation under mulched drip irrigation in an oasis of Tarim basin, China [J]. Journal of Hydrology, 2016, 538: 677-688.

[11] Hussein F, Janat M, Yakoub A. Simulating cotton yield response to deficit irrigation with the FAO AquaCrop model [J]. Spanish Journal of Agricultural Research, 2011, 9 (4): 1319-1330.

[12] Yang P, Hu H, Tian F, et al. Crop coefficient for cotton under plastic mulch and drip irrigation based on eddy covariance observation in an arid area of northwestern China

[J]. Agricultural Water Management，2016，171：21-30.

[13] 赵波，王振华，李文昊. 滴灌方式及定额对北疆冬灌棉田土壤水盐分布及次年棉花生长的影响 [J]. 农业工程学报，2016 (6)：139-148.

[14] 李明思，康绍忠，杨海梅. 地膜覆盖对滴灌土壤湿润区及棉花耗水与生长的影响 [J]. 农业工程学报，2007，23 (6)：49-54.

[15] 王振华，杨培岭，郑旭荣. 膜下滴灌系统不同应用年限棉田根区盐分变化及适耕性 [J]. 农业工程学报，2014，30 (4)：90-99.

[16] 朱海清. 北疆膜下滴灌棉田土壤水盐运移规律研究 [D]. 乌鲁木齐：新疆农业大学，2016.

[17] 秦文豹，李明思，李玉芳，等. 滴灌条件下暗管滤层结构对排水、排盐效果的影响 [J]. 灌溉排水学报，2017，36 (7)：80-85.

[18] 龚萍，刘洪光，何新林，等. 水肥状况对幼龄葡萄光合特性的影响研究 [J]. 中国农村水利水电，2015 (7)：10-15.

[19] Sarkar S, Paramanick M, Goswami S B. Soil temperature, water use and yield of yellow sarson (*Brassica napus* L. var. *glauca*) in relation to tillage intensity and mulch management under rainfed lowland ecosystem in eastern India [J]. Soil & Tillage Research，2007，93 (1)：94-101.

[20] 李波，屈忠义，王昊. 河套灌区覆膜沟灌对加工番茄生长效应与品质的影响 [J]. 干旱地区农业研究，2014，32 (6)：43-47.

[21] 杜岁虎，张文权. 宽垄双行撮苗玉米高产栽培技术 [J]. 农业科技与信息，2008 (1)：12.

[22] 张婷，吴普特，赵西宁，等. 垄沟种植模式对玉米生长及产量的影响 [J]. 干旱地区农业研究，2013，31 (1)：27-30+40.

[23] Gu X B, Li Y N, Du Y D. Continuous ridges with film mulching improve soil water content, root growth, seed yield and water use efficiency of winter oilseed rape [J]. Industrial Crops and Products，2016，85：139-148.

[24] 陈亚新，史海滨，魏占民，等. 土壤水盐信息空间变异的预测理论与条件模拟 [M]. 北京：科学出版社，2005.

[25] 郝明德，王旭刚，党廷辉，等. 黄土高原旱地小麦多年定位施用化肥的产量效应分析 [J]. 作物学报，2004 (11)：1108-1112.

[26] 张桂兰，宝德俊，王英，等. 长期施用化肥对作物产量和土壤性质的影响 [J]. 土壤通报，1999 (2)：17-20.

[27] 张利庠，彭辉，靳兴初. 不同阶段化肥施用量对我国粮食产量的影响分析——基于1952—2006年30个省份的面板数据 [J]. 农业技术经济，2008 (4)：85-94.

[28] 国家统计局. 中国统计年鉴 [M]. 北京：中国统计出版社，2021.

[29] 高龙，田富强，倪广恒，等. 膜下滴灌棉田土壤水盐分布特征及灌溉制度试验研究 [J]. 水利学报，2010，41 (12)：1483-1490.

[30] 刘斌，刘洪光，何新林，等. 组合式滴灌水分运动规律试验研究 [J]. 灌溉排水学

报，2013，32（4）：28-31.

[31] 刘洪光. 干旱区地下滴灌棉花水肥耦合试验研究 [D]. 石河子：石河子大学，2008.

[32] 刘洪光，郑旭荣，何新林. 开沟覆膜滴灌技术对田间盐碱的运移影响研究 [J]. 中国农村水利水电，2010（12）：1-3.

[33] 汪昌树，杨鹏年，于宴民，等. 膜下滴灌布置方式对土壤水盐运移和产量的影响 [J]. 干旱地区农业研究，2016，34（4）：38-45.

[34] 王允喜，李明思，蓝明菊. 膜下滴灌土壤湿润区对田间棉花根系分布及植株生长的影响 [J]. 农业工程学报，2011，27（8）：31-38.

[35] Lamm F R, Ayars J E, Nakayama F S. Microirrigation for crop production：design, operation, and management [M]. Amsterdam：Elsevier，2006.

[36] 李慧，虎胆·吐马尔白，杨鹏年，等. 南疆膜下滴灌不同盐分棉田水盐运移规律研究 [J]. 节水灌溉，2014（7）：4-6.

[37] 叶建威，刘洪光，何新林，等. 土槽模拟开沟覆膜滴灌技术下盐分调控规律 [J]. 节水灌溉，2016（10）：28-33.

[38] Skaggs T H, Trout T J, Simunek J, et al. Comparison of HYDRUS-2D simulations of drip irrigation with experimental observations [J]. Journal of Irrigation and Drainage Engineering-Asce，2004，130（4）：304-310.

[39] Al Omran A M, Sheta A S, Falatah A M, et al. Effect of drip irrigation on squash (Cucurbita pepo) yield and water-use efficiency in sandy calcareous soils amended with clay deposits [J]. Agricultural Water Management，2007，73（1）：43-55.

[40] Zheng J, Huang G, Wang J, et al. Effects of water deficits on growth, yield and water productivity of drip-irrigated onion (Allium cepa L.) in an arid region of Northwest China [J]. Irrigation Science，2013，31（5）：995-1008.

[41] 李富先，陈林，白安龙，等. 棉花膜下滴灌高产栽培适宜密度试验研究 [J]. 中国棉花，2006（10）：33-34.

[42] 尚松浩. 作物非充分灌溉制度的模拟—优化方法 [J]. 清华大学学报（自然科学版），2005（9）：1179-1183.

[43] Kang Y, Wang R, Wan S, et al. Effects of different water levels on cotton growth and water use through drip irrigation in an arid region with saline ground water of Northwest China [J]. Agricultural Water Management，2012，109：117-126.

[44] Marouelli W A, Silva W L C. Water tension thresholds for processing tomatoes under drip irrigation in Central Brazil [J]. Irrigation Science，2007，25（4）：411-418.

[45] Yazar A, Sezen S M, Sesveren S. LEPA and trickle irrigation of cotton in the Southeast Anatolia Project (GAP) area in Turkey [J]. Agricultural Water Management，2002，54（3）：189-203.

[46] Batchelor C, Lovell C, Murata M. Simple microirrigation techniques for improving irrigation efficiency on vegetable gardens [J]. Agricultural Water Management，1996，32（1）：37-48.

[47] Zeng C，Wang Q，Zhang F，et al. Temporal changes in soil hydraulic conductivity with different soil types and irrigation methods [J]. Geoderma，2013，193：290-299.

[48] 马富裕，李蒙春，张旺峰，等. 北疆棉花高产水分生理基础的初步研究 [J]. 新疆农垦科技，1998 (5)：6-8.

[49] 张西平，蔡焕杰，王健，等. 日光温室膜下滴灌黄瓜需水量与灌溉制度的试验研究 [J]. 灌溉排水学报，2005 (1)：41-44.

[50] Prasad A S，Umamahesh N V，Viswanath G K. Optimal irrigation planning under water scarcity [J]. Journal of Irrigation & Drainage Engineering，2006，132 (3)：228-237.

[51] 雷志栋，杨诗秀，谢森传. 土壤水动力学 [M]. 北京：清华大学出版社，1988.

[52] 张永祥，陈鸿汉. 多孔介质溶质运移动力学 [M]. 北京：地震出版社，2000.

[53] Sposito G. The statistical mechanical theory of water transport through unsaturated soil：2. derivation of the Buckingham - Darcy Flux Law [J]. Water Resources Research，1978，14 (3)：479-484.

[54] Abdou H M，Flury M. Simulation of water flow and solute transport in free-drainage lysimeters and field soils with heterogeneous structures [J]. European Journal of Soil Science，2004，55 (2)：229-241.

[55] Kaledhonkar M J，Keshari A K. Modelling the effects of saline water use in agriculture [J]. Irrigation and Drainage，2006，55 (2)：177-190.

[56] Guan H J，Li J S，Li Y F. Effects of drip system uniformity and irrigation amount on water and salt distributions in soil under arid conditions [J]. Journal of Integrative Agriculture，2013，12 (5)：924-939.

[57] Chen L J，Feng Q，Li F R，et al. A bidirectional model for simulating soil water flow and salt transport under mulched drip irrigation with saline water [J]. Agricultural Water Management，2014，146 (24-33)：24-33.

[58] Russo D，Laufer A，Shapira R H，et al. Assessment of solute fluxes beneath an orchard irrigated with treated sewage water：a numerical study [J]. Water Resources Research，2013，49 (2)：657-674.

[59] 史文娟，马媛，徐飞，等. 不同微尺度膜下滴灌棉田土壤水盐空间变异特性 [J]. 水科学进展，2014，25 (4)：585-593.

[60] Zhang J，Wang Y，Zhao Y，et al. Spatial-temporal distribution of soil salt crusts under saline drip irrigation in an artificial desert highway shelterbelt [J]. Water，2016，8 (2)：35.

[61] 李毅. 覆膜条件下土壤水、盐、热耦合迁移试验研究 [D]. 西安：西安理工大学，2002.

[62] 齐智娟. 河套灌区盐碱地玉米膜下滴灌土壤水盐热运移规律及模拟研究 [D]. 杨凌：中国科学院教育部水土保持与生态环境研究中心，2016.

[63] Letey J，Feng G L. Dynamic versus steady-state approaches to evaluate irrigation management of saline waters [J]. Agricultural Water Management，2007，91 (1-3)：1-10.

［64］ 单鱼洋. 干旱区膜下滴灌水盐运移规律模拟及预测研究［D］. 杨凌：中国科学院教育部水土保持与生态环境研究中心，2012.

［65］ 虎胆·吐马尔白，吴争光，苏里坦. 棉花膜下滴灌土壤水盐运移规律数值模拟［J］. 土壤，2012，44（4）：665-670.

［66］ Goncalves M C，Simunek J，Ramos T B，et al. Multicomponent solute transport in soil lysimeters irrigated with waters of different quality［J］. Water Resources Research，2006，42（8）：1-7.

［67］ Hanson B R，Simunek J，Hopmans J W. Evaluation of urea–ammonium–nitrate fertigation with drip irrigation using numerical modeling［J］. Agricultural Water Management，2006，86（1-2）：102-113.

［68］ Roberts T，Lazarovitch N，Warrick A W，et al. Modeling salt accumulation with subsurface drip irrigation using HYDRUS-2D［J］. Soil Science Society of America Journal，2009，73（1）：233-240.

［69］ Letey J，Hoffman G J，Hopmans J W，et al. Evaluation of soil salinity leaching requirement guidelines［J］. Agricultural Water Management，2011，98（4）：502-506.

［70］ Ramos T B，Simunek J，Goncalves M C，et al. Two–dimensional modeling of water and nitrogen fate from sweet sorghum irrigated with fresh and blended saline waters［J］. Agricultural Water Management，2012，111：87-104.

［71］ Filipovic V，Romic D，Romic M，et al. Plastic mulch and nitrogen fertigation in growing vegetables modify soil temperature，water and nitrate dynamics：experimental results and a modeling study［J］. Agricultural Water Management，2016，176：100-110.

［72］ Mubarak I，Mailhol J C，Angulo–Jaramillo R，et al. Temporal variability in soil hydraulic properties under drip irrigation［J］. Geoderma，2009，150（1-2）：158-165.

［73］ 李瑞平，史海滨，赤江刚夫，等. 基于水热耦合模型的干旱寒冷地区冻融土壤水热盐运移规律研究［J］. 水利学报，2009，40（4）：403-412.

［74］ Simunek J，van Genuchten M T，Sejna M. Development and applications of the HYDRUS and STANMOD software packages and related codes［J］. Vadose Zone Journal，2008，7（2）：587-600.

［75］ Ramos T B，Simunek J，Goncalves M C，et al. Field evaluation of a multicomponent solute transport model in soils irrigated with saline waters［J］. Journal of Hydrology，2011，407（1-4）：129-144.

［76］ El–Nesr M N，Alazba A A，Simunek J. HYDRUS simulations of the effects of dual–drip subsurface irrigation and a physical barrier on water movement and solute transport in soils［J］. Irrigation Science，2014，32（2）：111-125.

［77］ Simunek J，van Genuchten M T，Sejna M. Recent developments and applications of the HYDRUS computer software packages［J］. Vadose Zone Journal，2016，15（7）：1-15.

［78］ 孙浩，李明思，丁浩，等. 滴头流量对棉花根系分布影响的试验［J］. 农业工程学报，2009，25（11）：13-18.

[79] Luo H H, Zhang Y L, Zhang W F. Effects of water stress and rewatering on photosynthesis, root activity, and yield of cotton with drip irrigation under mulch [J]. Photosynthetica, 2016, 54 (1): 65 - 73.

[80] 罗宏海, 张宏芝, 陶先萍, 等. 水氮运筹对膜下滴灌棉花光合特性及产量形成的影响 [J]. 应用生态学报, 2013, 24 (2): 407 - 415.

[81] Schroeder N, Javaux M, Vanderborght J, et al. Effect of root water and solute uptake on apparent soil dispersivity: a simulation study [J]. Vadose Zone Journal, 2012, 11 (3): 811 - 812.

[82] 杨艳芬, 王全九, 白云岗, 等. 极端干旱地区滴灌条件下葡萄生长发育特征 [J]. 农业工程学报, 2009, 25 (12): 45 - 50.

[83] 胡晓棠, 李明思. 膜下滴灌对棉花根际土壤环境的影响研究 [J]. 中国生态农业学报, 2003, 11 (3): 121 - 123.

[84] Luo H H, Tao X P, Hu Y Y, et al. Response of cotton root growth and yield to root restriction under various water and nitrogen regimes [J]. Journal of Plant Nutrition and Soil Science, 2015, 178 (3): 384 - 392.

[85] 王淑芬, 张喜英, 裴冬. 不同供水条件对冬小麦根系分布、产量及水分利用效率的影响 [J]. 农业工程学报, 2006, 22 (2): 27 - 32.

[86] Kato Y, Okami M. Root growth dynamics and stomatal behaviour of rice (*Oryza sativa* L.) grown under aerobic and flooded conditions [J]. Field Crops Research, 2010, 117 (1): 9 - 17.

[87] 李文娆, 张岁岐, 丁圣彦, 等. 干旱胁迫下紫花苜蓿根系形态变化及与水分利用的关系 [J]. 生态学报, 2010, 30 (19): 5140 - 5150.

[88] 韩希英, 宋凤斌. 干旱胁迫对玉米根系生长及根际养分的影响 [J]. 水土保持学报, 2006 (3): 170 - 172.

[89] 于坤, 郁松林, 许雯博, 等. 干旱区膜下滴灌不同灌水和施氮水平对'赤霞珠'葡萄幼苗氮素代谢和根系发育的影响 [J]. 果树学报, 2013, 30 (6): 975 - 982.

[90] 杜太生, 康绍忠, 闫博远, 等. 干旱荒漠绿洲区葡萄根系分区交替灌溉试验研究 [J]. 农业工程学报, 2007, 23 (11): 52 - 58.

[91] 毛娟, 陈佰鸿, 曹建东, 等. 不同滴灌方式对荒漠区'赤霞珠'葡萄根系分布的影响 [J]. 应用生态学报, 2013, 24 (11): 3084 - 3090.

[92] 于坤. 滴灌方式和水氮处理对酿酒葡萄幼苗生理特性和根系形态的影响 [D]. 石河子: 石河子大学, 2014.

[93] Ning S, Shi J, Zuo Q, et al. Generalization of the root length density distribution of cotton under film mulched drip irrigation [J]. Field Crops Research, 2015, 177: 125 - 136.

[94] Vrugt J A, van Wijk M T, Hopmans J W, et al. One -, two -, and three - dimensional root water uptake functions for transient modeling [J]. Water Resources Research, 2001, 37 (10): 2457 - 2470.

[95] Gwenzi W, Veneklaas E J, Holmes K W, et al. Spatial analysis of fine root distribu-

tion on a recently constructed ecosystem in a water - limited environment [J]. Plant and Soil，2011，344 (1 - 2)：255 - 272.

[96] 王文静，郁松林，于坤，等. 根区交替滴灌方式对葡萄根系形态特征与根系活力的影响 [J]. 石河子大学学报（自然科学版），2014，32 (4)：414 - 421.

[97] 孙三民，安巧霞，杨培岭，等. 间接地下滴灌灌溉深度对枣树根系和水分的影响 [J]. 农业机械学报，2016，47 (8)：81 - 90.

[98] 吴永涛. 连作膜下滴灌棉田土壤水盐运移规律试验研究 [D]. 乌鲁木齐：新疆农业大学，2017.

[99] 张治，田富强，钟瑞森，等. 新疆膜下滴灌棉田生育期地温变化规律 [J]. 农业工程学报，2011，27 (1)：44 - 51.

[100] 陈丽娟，张新民，王小军，等. 不同土壤水分处理对膜上灌春小麦土壤温度的影响 [J]. 农业工程学报，2008 (4)：9 - 13.

[101] 董飞，闫秋艳，杨峰，等. 播种方式对不同灌溉条件下冬小麦产量及土壤水热条件的影响 [J]. 河南农业科学，2020，49 (4)：7 - 14.

[102] 韩丙芳，田军仓，杨金忠. 玉米膜上灌溉条件下土壤水、热运动规律的研究 [J]. 农业工程学报，2007 (12)：85 - 89.

[103] 申孝军，孙景生，李明思，等. 不同灌溉方式对覆膜棉田土壤温度的影响 [J]. 节水灌溉，2011 (11)：19 - 24.

[104] 李明思，康绍忠，杨海梅. 地膜覆盖对滴灌土壤湿润区及棉花耗水与生长的影响 [J]. 农业工程学报，2007 (6)：49 - 54.

[105] 张德奇，廖允成，贾志宽. 旱区地膜覆盖技术的研究进展及发展前景 [J]. 干旱地区农业研究，2005 (1)：208 - 213.

[106] 崔宇菲. 滴灌条件下葡萄园水分运移过程及其模拟研究 [D]. 北京：中国农业科学院，2021.

[107] 王怀学. 甘肃泾川苹果园起垄开沟覆膜试验 [J]. 中国果树，2011 (4)：72.

[108] Jones J W，Hoogenboom G，Porter C H，et al. The DSSAT cropping system model [J]. European Journal of Agronomy，2003，18 (3 - 4)：235 - 265.

[109] Malhi S S，Johnston A M，Gill K S，et al. Landscape position effects on the recovery of N - 15 - labelled urea applied to wheat on two soils in Saskatchewan，Canada [J]. Nutrient Cycling in Agroecosystems，2004，68 (1)：85 - 93.

[110] 李培岭，张富仓. 不同滴灌方式下棉花生物量和产量的水氮调控效应 [J]. 应用生态学报，2010，21 (11)：2814 - 2820.

[111] 詹其厚，陈杰. 水肥配合对玉米产量及其利用效率的影响 [J]. 中国土壤与肥料，2005 (4)：14 - 18.

[112] Heng L K，Hsiao T，Evett S，et al. Validating the FAO AquaCrop model for irrigated and water deficient field maize [J]. Agronomy Journal，2009，101 (3)：488 - 498.

[113] Deng M H，Shi X J，Tian Y H，et al. Optimizing nitrogen fertilizer application for rice production in the Taihu Lake region，China [J]. Pedosphere，2012，22 (1)：

48-57.

[114] Li S X，Wang Z H，Malhi S S，et al. Chapter 7 nutrient and water management effects on crop production，and nutrient and water use efficiency in dryland areas of China [M]//Advances in Agronomy. [S. L.]：Academic Press，2009：223-265.

[115] Yang G，Tang H，Nie Y，et al. Responses of cotton growth，yield，and biomass to nitrogen split application ratio [J]. European Journal of Agronomy，2011，35 (3)：164-170.

[116] 李韵珠，王凤仙，黄元仿. 土壤水分和养分利用效率几种定义的比较 [J]. 土壤通报，2000 (4)：150-155+193-194.

[117] Zhang W L，Tian Z X，Zhang N，et al. Nitrate pollution of groundwater in northern China [J]. Agriculture Ecosystems & Environment，1996，59 (3)：223-231.

[118] 张振文，宋长冰. 节水灌溉对葡萄及葡萄酒质量的影响 [J]. 园艺学报，2002，29 (6)：515-518.

[119] Srinivas K，Shikhamany S D，Reddy N N. Yield and water-use of 'Anab-e-Shahi' grape (*Vitis vinifera*) vines under drip and basin irrigation [J]. Indian Journal of Agricultural Sciences，2013，69 (1)：21-23.

[120] 王锐，孙权，郭洁，等. 不同灌溉及施肥方式对酿酒葡萄生长发育及产量品质的影响 [J]. 干旱地区农业研究，2012，30 (5)：123-127.

[121] Todorovic M，Albrizio R，Zivotic L，et al. Assessment of AquaCrop，CropSyst，and WOFOST models in the simulation of sunflower growth under different water regimes [J]. Agronomy Journal，2009，101 (3)：509-521.

[122] Hsiao T C，Heng L，Steduto P，et al. AquaCrop-the FAO crop model to simulate yield response to water：Ⅲ. parameterization and testing for maize [J]. Agronomy Journal，2009，101 (3)：448-459.

[123] Katerji N，Campi P，Mastrorilli M. Productivity，evapotranspiration，and water use efficiency of corn and tomato crops simulated by AquaCrop under contrasting water stress conditions in the Mediterranean region [J]. Agricultural Water Management，2013，130：14-26.

[124] Paredes P，de Melo-Abreu J P，Alves I，et al. Assessing the performance of the FAO AquaCrop model to estimate maize yields and water use under full and deficit irrigation with focus on model parameterization [J]. Agricultural Water Management，2014，144：81-97.

[125] Mohammadi M，Ghahraman B，Davary K，et al. Nested validation of AquaCrop model for simulation of winter wheat grain yield，soil moisture and salinity profiles under simultaneous salinity and water stress [J]. Irrigation and Drainage，2016，65 (1)：112-128.

[126] 张杰，刘洪光，何新林，等. 滴灌对矮化密植大枣田间相对湿度、土壤温度和产量的影响 [J]. 灌溉排水学报，2016，35 (7)：78-84.

［127］贺普超，罗国光 . 葡萄学 ［M］. 北京：中国农业出版社，1994.

［128］Lawlor D W，Cornic G. Photosynthetic carbon assimilation and associated metabolism in relation to water deficits in higher plants ［J］. Plant，Cell & Environment，2002，25（2）：275 - 294.

［129］Constable G A，Bange M P. The yield potential of cotton（*Gossypium hirsutum* L.）［J］. Field Crops Research，2015，182：98 - 106.

［130］Pérez - Alfocea F. Albacete A，Ghanem M E，et al. Hormonal regulation of source - sink relations to maintain crop productivity under salinity：a case study of root - to - shoot signalling in tomato ［J］. Functional Plant Biology，2010，37（7）：592 - 603.

［131］郑睿，康绍忠，胡笑涛，等 . 水氮处理对荒漠绿洲区酿酒葡萄光合特性与产量的影响 ［J］. 农业工程学报，2013，29（4）：133 - 141.

［132］Yi X P，Zhang Y L，Yao H S，et al. Rapid recovery of photosynthetic rate following soil water deficit and re - watering in cotton plants（*Gossypium herbaceum* L.）is related to the stability of the photosystems ［J］. Journal of Plant Physiology，2016，194：23 - 34.

［133］Loveys B R，Dry P R，Stoll M，et al. Using plant physiology to improve the water use efficiency of horticultural crops ［G］//Ferreria M I，Jones H G. Proceedings of the Third International Symposium on Irrigation of Horticultural Crops，Vols 1 and 2. Estoril，Lisbon，Portugal：the Third International Symposium on Irrigation of Horticultural Crops，2000：187 - 197.

［134］Liu H G，He X L，Jing L. Effects of water - fertilizer coupling on root distribution and yield of Chinese Jujube trees in Xinjiang ［J］. International Journal of Agricultural and Biological Engineering，2017，10（6）：103 - 114.

［135］林植芳 . 稳定性碳同位素在植物生理生态研究中的应用 ［J］. 植物生理学报，1990（3）：1 - 6.

［136］Aranibar J N，Berry J A，Riley W J，et al. Combining meteorology，eddy fluxes，isotope measurements，and modeling to understand environmental controls of carbon isotope discrimination at the canopy scale ［J］. Global Change Biology，2006，12（4）：710 - 730.

［137］顾慰祖 . 同位素水文学 ［M］. 北京：科学出版社，2011.

［138］Choudhury T M A，Khanif Y M. Evaluation of effects of nitrogen and magnesium fertilization on rice yield and fertilizer nitrogen efficiency using（15）N tracer technique ［J］. Journal of Plant Nutrition，2001，24（6）：855 - 871.

［139］Bedard - Haughn A，van Groenigen J W，van Kessel C. Tracing N - 15 through landscapes：potential uses and precautions ［J］. Journal of Hydrology，2003，272（1 - 4）：175 - 190.

［140］Zhang Q，Yang Z，Zhang H，et al. Recovery efficiency and loss of N - 15 - labelled urea in a rice - soil system in the upper reaches of the Yellow River basin ［J］. Agriculture Ecosystems & Environment，2012，158：118 - 126.

[141] Zheng H J，Zuo J C，Wang L Y，et al. N - 15 isotope tracing of nitrogen runoff loss on red soil sloping uplands under simulated rainfall conditions [J]. Plant Soil and Environment，2016，62（9）：416 - 421.

[142] 丁宁，姜远茂，彭福田，等. 等氮量分次追施对盆栽红富士苹果叶片衰老及^{15}N -尿素吸收、利用特性的影响 [J]. 中国农业科学，2012，45（19）：4025 - 4031.

[143] Zhong Y M，Wang X P，Yang J P，et al. Tracing the fate of nitrogen with N - 15 isotope considering suitable fertilizer rate related to yield and environment impacts in paddy field [J]. Paddy and Water Environment，2017，15（4）：943 - 949.

[144] Zan F，Huo S，Xi B，et al. A 100 - year sedimentary record of natural and anthropogenic impacts on a shallow eutrophic lake, Lake Chaohu, China [J]. Journal of Environmental Monitoring Jem，2012，14（3）：804 - 16.

[145] Yang H，Yang J，Lv Y，et al. SPAD values and nitrogen nutrition index for the evaluation of rice nitrogen status [J]. Plant Production Science，2014，17（1）：81 - 92.

[146] Karlen D L，Hunt P G，Matheny T A. Fertilizer（15）nitrogen recovery by corn, wheat, and cotton grown with and without pre - plant tillage on Norfolk loamy sand [J]. Crop Science，1996，36（4）：975 - 981.

[147] 史祥宾，杨阳，翟衡，等. 不同时期施用氮肥对巨峰葡萄氮素吸收、分配及利用的影响 [J]. 植物营养与肥料学报，2011，17（6）：1444 - 1450.

[148] 管长志，曾骧，孟昭清. 山葡萄（Vitis amurensis Rupr）晚秋叶施^{15}N -尿素的吸收、运转、贮藏及再分配的研究 [J]. 核农学报，1992（3）：153 - 158.

第二章
葡萄田间节水灌溉模式

  葡萄作为一种重要经济水果作物，在世界范围内被广泛种植，从开始种植葡萄至今，人们从未停止过探索提高葡萄产量与品质的脚步。通过研究种植模式、田间管理、施肥制度、灌溉制度等因素对葡萄品质的影响机理来提高葡萄的品质。前人的研究发现合适的砧木、棚架式的栽培方式能有效提高葡萄的产量及品质[1-3]；在王明洁等[4]的研究中采用"厂"字形配合直立叶幕，在坐果期采用基部去除 1/3 的方式修剪花穗，可显著增加'无核白鸡心'葡萄的平均单果质量和果实硬度，提高果实的可溶性固形物含量，降低可滴定酸含量，增大果穗紧密度。还有诸如行内覆盖、行间种草、悬挂反光膜、短梢修剪、套袋等田间管理方式，都能对葡萄的产量和品质起到不同程度的影响[5-9]。人为干预葡萄的生长发育环境能影响葡萄的产量与品质，调节葡萄生长需要的水肥条件也是重要因素。合理施用化肥和有机肥，既能实现葡萄提质增效的目的，又可节省农业生产过程中的肥料成本[10-14]。王东等[15]发现合理的低灌水量有利于酿酒葡萄植株的生长发育、促进光合作用、提高水分转化率，同时对葡萄果实的产量和品质具有显著的提高作用；孙嘉星等[16]的研究证明中等灌溉水平下酿酒葡萄能维持正常生长，同时可实现产量和品质最佳。

  水分是葡萄产量和品质形成的决定因素[17]，是决定葡萄酒质量的最重要因素。因此，根据当地的土壤、气候等条件，因地制宜采取合适的滴灌技术是未来葡萄种植的重要发展方向，这就要根据葡萄需水规律确定其不同灌溉方式、灌水量和灌水时期，对葡萄园进行综合水分管理，建立最优的灌溉制度[18]，以此提高葡萄水分利用率，提升葡萄的产量和品质。合理的灌水量也需要合理的灌溉方式才能使其达到最佳效果[19]，合理的灌溉方式是解决我国大多数葡萄园面临的如何节水节能提高果实品质的关键[20]。滴灌技术将灌水和施肥相结合，随水施肥显著提高了水肥利用率，并使氮肥利用率达 90% 以上[18]。果实膨大期对水分的需求量很大，要充分保证这一时期葡萄对水分的需求，而在葡萄果粒成熟期间即着色前后要控制水分，降低葡萄园土壤的含水量，防止葡萄霜霉病的发生[21]。葡萄 10～15d 灌一次水，促使果实积累糖分[22]。田间节水灌溉技术的目的是有效地给作物生长提供所需要的水分，使作物在较好的水分环境下生长，以获得较高产量，同时提高水分的利用率。

新疆葡萄种植面积和产量都占全国 20%以上，目前漫灌和沟灌葡萄灌溉定额超过 $1.20 \times 10^4 \, m^3/$亩，每年因为缺水和盐碱导致葡萄减产超过 20%，接近 $5.41 \times 10^8 \, kg$，损失巨大[23]。适宜的耕作模式可提高土壤含水量和水分利用率，为作物生长创造和谐生长环境[24]。李波等[25]研究发现，覆膜沟灌可以降低作物棵间蒸发，减少耗水量，促进作物生长并提高经济效益。宽垄覆膜沟灌技术能提高肥料的有效利用[26]，不仅可以促进玉米的生长发育[27]，而且在半干旱区域有利于雨水的收集灌溉[28]，达到节水高产的目标。1996 年在新疆生产建设兵团实施棉花膜下滴灌试验，试验证明膜下滴灌技术可以在盐碱地上应用使作物获得较高产量，滴灌技术取得了前所未有的发展[29-30]，节水增产效果显著。但是随着膜下滴灌的推广，以往用于农田的排碱渠系遭到大规模破坏，土地出现积盐、返盐现象，次生盐碱化威胁膜下滴灌发展[31-33]。因此，新疆葡萄种植可以选用开沟种植模式结合覆膜滴灌技术，在作物和盐碱之间开辟一个通道，为盐碱创建一个存在空间，将盐碱调节到作物根区以外，从而达到盐碱与作物局部分离、满足作物生长需求的目标。滴灌技术是局部灌溉，没有淋洗作用，不能将盐分排除农田以外，但合理的滴头流量、滴水量和灌水制度组合可以使作物根区形成一个低盐区，有利于作物生长。

本章主要探讨在北疆使用常规滴灌、组合式滴灌、开沟滴灌三种灌溉方式对弗雷无核葡萄产量品质的影响及土壤水分、盐分变化的影响。目的在于探究不同灌溉方式对葡萄的影响机理，以为今后的葡萄种植提供理论依据。这不仅能提高种植葡萄的经济效益，同时还能节约水资源，起到保护环境的作用。

第一节　组合式滴灌葡萄灌溉技术

滴灌技术有节水、增产、增效的作用，滴灌结合覆膜形成膜下滴灌技术，自 1996 年在新疆生产建设兵团运用到棉花试验成功以来，以其显著的经济和社会效益迅速在我国干旱半干旱地区得到大面积推广应用，目前已影响到中亚地区的农业发展。随着水资源的日益紧缺和滴灌应用的逐渐深入，滴灌技术已经开始大面积使用在新疆的特色瓜果上。目前，滴灌技术在葡萄上的应用起到了一定的节水作用，但是增产、增效作用远没有发挥出来，甚至出现了病虫害增加的现象。

根据刘俊等[34]针对葡萄棚架栽培条件下的根系分布研究，葡萄的根系生长明显地表现出和地上部同侧生长的相关性，架下根系生长快，分布范围广，架后的总根数仅为架下的 2/3 左右，并随着树龄的增加，这个比例有逐渐下降的趋势，所以葡萄灌水施肥时应以架下为主，架后为辅。其他一些学者研究也有相似结论。王全九等[35]对极端干旱地区滴灌葡萄根系分布的试验数据表明 40cm 以上土层的葡萄根系分布占 66.5%，说明滴灌葡萄根系分布主要集中在土壤上层，由此推断，滴灌葡萄根系埋深浅可能是葡萄冬季受冻害的原因之一。乔英等[36]对塔里木灌区滴灌骏枣根系分布进行研究，采用整树挖根和环状壕沟分层相结合方法，观察滴灌条件下骏枣根系的分布规律，结果表明：90% 以上的根系分布在 0～40cm 土层中，其中 10～40cm 土层根系占总量的 80% 以上；水平方向根系全部分布在距植株 80cm 土层中，80% 的根系分布在距植株 60cm 以内的土层中，距植株 40cm 以内的土层中根系占全部根系数量 60% 以上。该研究认为滴灌条件下，骏枣根系分布较集中，但不呈对称性，根系分布较浅，应注意防冻减灾。滴灌处理梨枣吸收根在垂直方向主要分布在 0～40cm 土层，占总吸收根的 79%，常规处理 0～40cm 土层林木根系为多层次分布，在葡萄分根交替灌溉试验中也发现了类似现象，滴灌技术在果树种植领域的应用还在探索中。

由于滴灌是局部灌溉技术，其土壤湿润范围小，对作物根系分布和根系结构的约束作用强。当前利用常规滴灌模式（一行两管）的湿润区域呈对称分布，且湿润区的宽度和深度均受到限制，与葡萄根系发育特点不匹配。同时，由于滴灌水分集中在表面，因此葡萄根系大部分分布在土壤表层，存在葡萄冬季受冻害的隐患。滴灌条件下土壤湿润区的状况与作物根系分布和结构之间的关系是滴灌技术设计时应考虑的主要因素之一。鉴于葡萄的生理生长特征，是否可以设计一种更合理的灌溉方式使葡萄生理特点与灌溉施肥条件相适应，既发挥滴灌节水优势，不增加用水总量，又使土壤湿润区与葡萄根系发育规律相协调，使葡萄根系分布空间更大、在深度方向的分布更趋合理，充分发挥葡萄的生产能力，防治冻害、气灼。鉴于棚架葡萄根系在架下分布多特点，若在架下再添加一条滴灌带，会影响机耕道作业，给生产带来不便，亦不能解决葡萄根系分布集中在表层的问题。新疆冬季最低气温低于 −40℃，葡萄在秋季收获后需要掩埋，待春季（4 月初）开墩上架，采用地下滴灌种植葡萄会影响葡萄的冬季掩埋。基于此思路，设计出滴灌葡萄的组合式滴灌技术，以期使滴灌技术的水分、肥料分布与葡萄根系发育规律相协调，充分发挥滴灌优势，发掘葡萄的生产潜力。

为了探求适合葡萄的滴灌方法，设计了组合式滴灌系统，使地下滴灌与地面滴灌相结合，充分发挥两者的优势，并已经获得了国家实用新型专利（申请号：ZL201120366264.0）。土壤水分运动规律的研究是正确设计滴灌系统和田间高效管理作物水分的前提和基础；针对组合式滴灌系统，本文研究了组合式滴灌条件下土壤水分运动规律，为组合式滴灌技术充分、高效利用水分提供更可靠的理论依据。

一、试验材料与方法

1. 试验区基本情况

试验区位于天山北坡、准噶尔盆地南缘（经纬度 85°59′20″E、44°30′5″N，海拔 360m），多年平均降水量为 207mm，平均蒸发量为 1 600mm，日照 2 318～2 732h，无霜期为 168～171d，≥10℃的积温为 3 570～3 729℃，属于内陆干旱性气候。试验土壤质地为壤土，0～60cm 土层土壤平均干容重为 1.30g/cm³，田间持水量为 24.3%。特别地，60～70cm 土层土壤为黏土，其黏粒含量较高，孔隙比大，田间持水量为 25.2%。

2011 年试验葡萄品种为弗雷无核葡萄，树龄为 7 年，葡萄行距 3.5m，株距 1m，滴灌带布设在葡萄根基部两侧各 20cm 处，如图 2-1A 所示，滴头间距 40cm，滴头流量 1.8L/h。组合式滴灌将滴灌带按"地下-地上-地上"模式铺设，如图 2-1B 所示，即在常规滴灌的基础上，加一条地下滴灌带，水平距葡萄根基部 50cm，埋深 30cm。

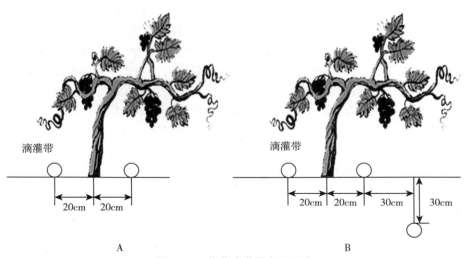

图 2-1 葡萄滴灌带布置示意

2. 试验设计与处理

常规滴灌模式葡萄试验设置 4 个处理，灌水定额分别为 22m³/亩、26m³/亩、30m³/亩、34m³/亩，生育期灌水 8 次（不含冬春灌）。组合式滴灌的水分运动规律试验，试验分 3 个处理，灌水定额分别为 26m³/亩、30m³/亩、34m³/亩，生育期灌水 8 次（不含冬春灌）。

3. 土壤含水量测定

在每个处理中选择灌水较均匀的部分，水平方向选择 8 个取土点，取样点水平间隔为 13cm，纵向方向每 10cm 取一个样，取至深度为 80cm 处。组合式滴灌的水分运动规律试验，在水平方向选择 12 个取土点，每隔 13cm 取一次土，两种布置模式取土深度均为 80cm，每 10cm 取一个样。土壤含水量采用烘干法测定，土壤的水分分布规律使用由 Golden Software 公司编制的 Surfer 16 软件绘制等值线图进行分析。

4. 葡萄产量和品质测定

在每个试验处理中，选取 3 个长势均匀的蔓，在每个蔓的上、中、下部各选取 1 串果穗，共取 9 个果穗，分别测量其纵横径，从其中随机摘取 100 个果粒，用游标卡尺测量每个果粒纵横径，并计算每个果粒的果型指数，果型指数计算公式见式（2-1）。

$$C = \frac{a}{b} \qquad\qquad (2-1)$$

式中：C——果型指数；

　　　　a——葡萄果粒的纵径，cm；

　　　　b——葡萄果粒的横径，cm。

产量为收获后的实际统计产量。果粒的含糖量用便携式糖度仪所测糖度表示。

5. 数据处理

试验数据采用 Microsoft Excel 2003 软件和 Surfer 16 软件进行处理和制图，采用 SPSS 17.0 统计软件进行方差分析。

二、结果与分析

1. 常规滴灌土壤湿润范围的变化

常规滴灌土壤湿润范围试验设置 4 个处理，四个处理其灌水定额分别为 22m³/亩、26m³/亩、30m³/亩、34m³/亩。土壤水分空间分布见图 2-2。图中双线源分布在 +20cm 和 -20cm 处，由图可知，不同灌水量下土壤含水量在剖面上的分布特征大致相似。随着灌水量的增加，湿润范围扩大，含水量也有所增加，当灌水定额为 34m³/亩时，含水量达到田间持水量的土壤水平湿润半径在地面为 58cm，最窄处距地面深度 54cm，半径为 28cm。同时发现在线源 +20cm 处的土壤含水量较小，这是因为在线源边缘一侧有 22cm 左右高的土垄（冬季掩埋、春季开墩上架造成），水分在重力势作用下由地势较高处向地势较低处运动，因此，靠近土垄的线源处土壤含水量较小。在线源深度方向，当灌水定额为 34m³/亩时，含水量达到田间持水量的土壤深度超过 70cm，取土中发现深度为 60～80cm 范围内存在大量黏土，其保水性较强，含水量较大，但是根系分布少。

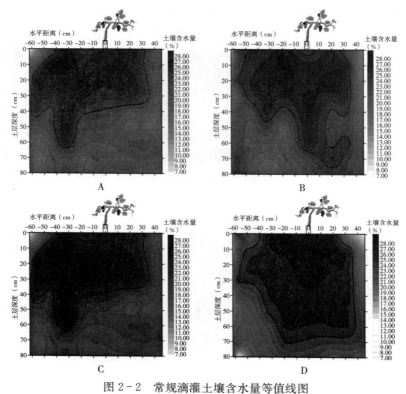

图 2-2　常规滴灌土壤含水量等值线图

A. 灌水定额 22m³/亩　B. 灌水定额 26m³/亩　C. 灌水定额 30m³/亩　D. 灌水定额 34m³/亩

注：横坐标为距离葡萄根系的距离（0 表示葡萄根系所在位置，正值表示根系右侧，负值表根系左侧），纵坐标为土层深度；下同。

2. 组合式滴灌土壤湿润范围的变化

试验分 3 个处理，灌水定额分别为 26m³/亩、30m³/亩、34m³/亩。各处理土壤含水量空间分布情况见图 2-3。如图所示，在灌水量大致相同的情况下，组合式滴灌土壤湿润范围在葡萄的根系区域有明显优化，葡萄棚架下水分

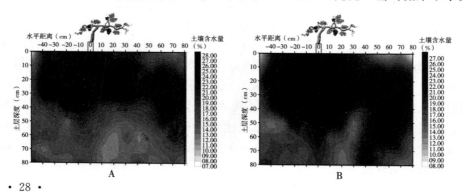

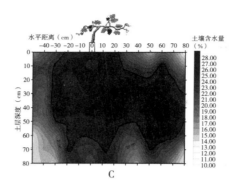

图 2-3　组合式滴灌土壤含水量等值线图

A. 灌水定额 26m³/亩　B. 灌水定额 30m³/亩　C. 灌水定额 34m³/亩

面积分布变大、深度也明显增加，这一分布特征与葡萄的根系分布规律符合，当灌水定额为 34m³/亩时，土壤在宽 120cm、深 60cm 处形成一个土壤湿润体，与常规滴灌相比较宽度增加一倍，在深度 30～50cm 范围的土壤湿润宽度最大，且没有形成深层渗漏，为葡萄根系发育创造良好的空间。

3. 组合式滴灌葡萄产量指标

2012 年在试验区布置常规滴灌与组合式滴灌的对比试验，主要研究葡萄的果粒重量、果穗重量、产量等产量指标及糖度、果型指数等品质指标，为了能客观直接比较，对灌水量 34m³/亩的常规滴灌和组合式滴灌随机抽取 9 个样本进行比较。

葡萄的产量指标主要包括果粒重量、果穗重量、产量。常规滴灌与组合式滴灌葡萄的果粒重量、果穗重量、产量指标数据见表 2-1、表 2-2、表 2-3，同时对所得数据进行方差分析，检验试验数据的合理性，检验结果见表 2-4。由于果粒重量、果穗重量和产量的概率 P 均小于显著性水平（0.05），因此拒绝零假设，组合式滴灌对葡萄果粒重量、果穗重量和产量的平均值均有显著影响。

如图 2-4 所示，与常规滴灌相比较，组合式滴灌对葡萄产量均有显著影响，对果穗重量、果粒重量具有极显著影响。组合式滴灌与常规滴灌相比较，果粒重量、果穗重量、产量分别平均增加了 0.13g、27.6g、43.9g，在常规滴灌的基础上分别提高了 4.8%、8.2%、10.0%，说明组合式滴灌对葡萄的产量提高有明显促进作用。依据作物产量理论分析认为，产量来源于植物对水、养分、光、热的吸收，而根系对水分、养分的吸收是产量转化过程中的关键因子，根系在充足的水分条件下会有较高的根质量密度、根长密度和根系活性，根系吸收水分、养分的能力增强，促进植物整体生长，使植物获得较优的根冠比、叶面积指数，提高植物对光热的转化能力，形成较高的产量。

表 2-1　常规滴灌和组合式滴灌条件下葡萄的果粒重量

单位：g

灌溉方式	1	2	3	4	5	6	7	8	9	平均值
常规滴灌	2.6	2.9	2.6	2.7	2.6	2.7	2.8	2.6	2.7	2.69
组合式滴灌	3.1	2.6	2.8	3.1	2.7	2.7	2.9	2.8	2.7	2.82

表 2-2　常规滴灌和组合式滴灌条件下葡萄的果穗重量

单位：g

灌溉方式	1	2	3	4	5	6	7	8	9	平均值
常规滴灌	339.5	335.6	351.5	332.1	335.2	325.4	336.5	329.5	344.7	336.7
组合式滴灌	369.6	366.7	368.2	359.3	358.6	363.4	355.2	369.3	368.4	364.3

表 2-3　常规滴灌和组合式滴灌条件下葡萄的产量

单位：kg/亩

灌溉方式	1	2	3	4	5	6	7	8	9	平均值
常规滴灌	358	412	459	501	428	439	389	475	485	438.4
组合式滴灌	427	448	508	535	475	465	445	522	516	482.3

表 2-4　单因素方差分析表

产量指标	果粒重量	果穗重量	产量
Sig.	0.001	0.002	0.046

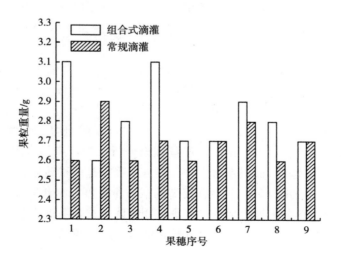

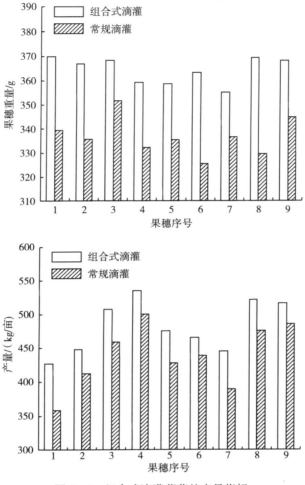

图 2 - 4 组合式滴灌葡萄的产量指标

4. 组合式滴灌的葡萄品质指标

葡萄的品质指标主要包括果形指数、含糖量。常规滴灌与组合式滴灌葡萄的果形指数和含糖量数据如图 2-5 所示。与常规滴灌相比较，组合式滴灌对葡萄含糖量和果形指数均有不同程度的促进作用。与常规滴灌相比较，组合式滴灌葡萄的平均含糖量达到 22.5%，在常规滴灌的基础上提高了 2.3%；组合式滴灌葡萄的果形指数与常规滴灌相比更接近 1（供试葡萄品种为弗雷无核葡萄，果形指数最佳时为 1）并且离散性小，而在常规滴灌的基础上提高了了 2.9%，常规滴灌的果形指数离散性大。这说明组合式滴灌对葡萄的品质提高也有明显促进作用，主要是由于组合式滴灌模式针对葡萄根系分布区域特点进行布置，地下滴灌带的湿润区与根系区域有效地协调，促进了根系的扩展，扩大了植株吸收水分和养分的空间与能力，当土壤水分出现亏缺时，相比较常规滴灌而言，组合式滴灌葡萄能够吸收更充足的水分和养分供应地上部的生长，从而促进茎叶的光合作用，制造更多的有机物输送到果粒中，增加了葡萄的含糖量。

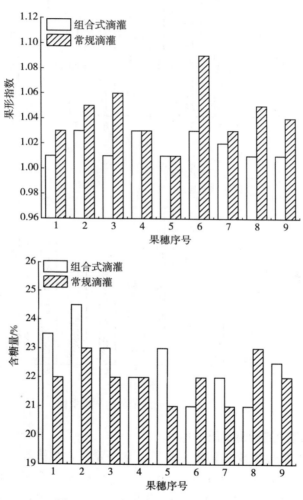

图 2-5　组合式滴灌葡萄的品质指标

三、结论

在组合式滴灌模式下，将地面滴灌和地下滴灌结合，发挥了两者的优势，一方面灌水后土壤中的水分分布与葡萄根系分布特征相符合，有效地解决了常规滴灌对作物根系发育束缚的问题，为葡萄根系生长提供良好的水分环境，进一步提高了葡萄的产量和品质；另一方面地下滴灌带的布置，避免了对耕作、管理的影响。灌水定额为 $34m^3$/亩时，土壤湿润区与葡萄根系分布区域符合程度较好，有利于葡萄根系的生长发育。组合式滴灌条件下，葡萄果穗重量、果粒重量、产量及含糖量呈现不同程度的提高，葡萄果穗重量较常规滴灌提高8.2%、果粒重量提高 4.8%、产量提高 78.4%；平均含糖量达到 22.5%，比常规滴灌提高 2.3%，果形指数提高了 2.9%。

第二节　开沟滴灌葡萄灌溉技术

膜下滴灌的技术特点是水分为点源入渗，实现精确稳定的局部灌溉，地膜能阻挡蒸发的水分直接散失，重新凝结为水滴回到土壤，达到改变农田水分微循环路径的效果。滴灌技术有显著的节水效果，随水施肥促进实现水肥一体化。但是，不合理的灌溉制度和不当的水肥管理模式会造成土壤盐渍化加重、肥料利用率降低，导致资源浪费和环境问题日益凸显。在新疆干旱区开展农田水盐运移规律、水肥耦合作用研究，具有重要理论意义和实践价值。新疆是当前世界最大膜下滴灌推广应用区，其膜下滴灌技术推广应用面积超过 5 000 万亩。以农业水文基本理论研究为基础，大量学者研究了膜下滴灌土壤水盐运移规律、田间水循环过程、养分调控规律、水肥耦合作用、作物生理生态等问题，研究成果很好地推动了膜下滴灌技术的实践应用和理论探索。

薄膜覆盖改变了田间土壤水分循环过程，阻隔了土壤与大气相互间的水分流动循环，减少了土壤水分的散失，使蒸发的水分凝结后重新回归土壤，作物始终处于适宜生长的土壤水分环境。膜下滴灌技术使得地面水分无效蒸发及深层渗漏严重的传统漫灌模式发生改变，由粗放的"浇地"转变为精准的"浇作物"。大量实验表明，膜下滴灌棉花灌水量仅为 $300\sim400m^3$/亩，比常规灌溉降低一半，棉花根系区域脱盐，棉花产量可提高 30%～50%；其他研究也表明，膜下滴灌番茄也可增产 2 倍左右。

葡萄是多年生果树，根系分布比棉花更广，在盐碱地上需要更大的脱盐区来保证根系正常生长，仅仅使用膜下滴灌不能完全适应葡萄根系生长需求，因此，在膜下滴灌基础上采取开沟方式使灌溉水分更加集中，薄膜边裸露地留下盐分存在空间，形成的土壤脱盐范围更大。开沟种植模式与膜下滴灌技术相结合，优化了水分运动路径，增加了垂直入渗深度，进而影响土壤水盐运移规律。由于开沟使葡萄根系处于土壤下部，膜外积盐区处于上部，可以实现根区与脱盐区相分离，从而满足葡萄正常生长。

一、试验材料与方法

1. 试验区基本情况

选择在新疆生产建设兵团第八师 147 团 6 连（86°10′E—86°15′E、44°22′N—44°50′N）展开两年（2011—2012 年）大田试验，该区位于玛纳斯河下游、天山北麓中段、准噶尔盆地南缘，试验区整体地形东南高、西北低，海拔 350.0～387.3m，地面坡降 1/700～1/500。试验区是典型的温带大陆性气候，日照长，霜期短，热量丰富，昼夜温差大，春季风多，年降水量 106.1～178.3mm，年蒸发量 1 722.5～2 260.5mm。灌溉采用渠系引水方式，水源矿化度低，灌溉用水矿化度为 39mg/L，对土壤盐分影响较小，种植作物主要为棉花、葡萄等。

2. 试验区土壤理化性质

试验地为当年开垦的生荒盐碱地，选取试验地 0～60cm 深度内土壤进行分析，每层 30cm；将土样风干碾碎，过 2mm 筛，采用 Beckman Coulter 公司生产的 LS13320 -全新纳微米激光粒度分析仪测定砂粒、粉粒和黏粒含量，并且按照国际制土壤质地分类，同时用环刀法测定各层土壤干容重、田间持水量、饱和含水量，经换算得体积含水量。结果如表 2-5 所示。试验用水为当地渠系水，常年平均矿化度在 1g/L 以下。

表 2-5　供试土壤主要理化性质

土层深度/cm	土壤质地	颗粒质量分数/%			容重/(g/cm³)	田间持水量/%	饱和含水量/%
		砂粒	粉粒	黏粒			
0～30	砂壤土	62.65	32.75	4.60	1.32	26.51	44.41
30～60	砂壤土	85.63	11.94	2.43	1.57	28.03	48.24

3. 试验设计与布置

种植葡萄品种为弗雷无核葡萄，灌溉时间每年 4—9 月，种植间（行）距 3.5m，株距 2m，行长 90m。滴灌带铺设采用新疆天业（集团）有限公司生产的单翼迷宫式滴灌带，规格为 φ16，滴头间距为 0.3m，流量为 3.2L/h，每行铺设 2 条滴灌带，对垄沟进行覆膜。试验共设 6 个处理，其中开沟模式设计 1 个，灌水定额 3 种，设置 1 组重复，生育期灌水 8 次（不含冬春灌），各处理方案见表 2-6。

4. 测定项目与方法

在葡萄果粒膨大期（6 月 23 日），每个处理安装两套美国 Decagon 公司生产的 EM50 数据采集器，设置 EM50 测量时间间隔 6h，5 个传感器安装深度分别为 10cm、20cm、30cm、40cm、60cm 共 5 层，安装位置如图 2-6 所示，一套 EM50 安装在两棵葡萄树间距中点位置，另一套 EM50 安装在膜边，两套仪器水平间距 60cm。在监测结束时（葡萄收获期 9 月 23 日），对 EM50 仪器连续自动采集的土壤含水量（体积含水量）数据进行分析。除自动采集试验数据以外，同时利用土钻取样测得土壤水分和盐分，分别在果粒膨大期、果粒成熟期与枝条成熟期 3 个生育阶段进行取样。取样后采用烘干法测定土壤含水量，利用残渣烘干-质量法测定土壤含盐量。

表 2-6　试验方案设计

处理	开沟模式设计（深度×宽度，cm×cm）	灌水定额/(m³/亩)
处理 1		20
处理 2	20×100	25
处理 3		30

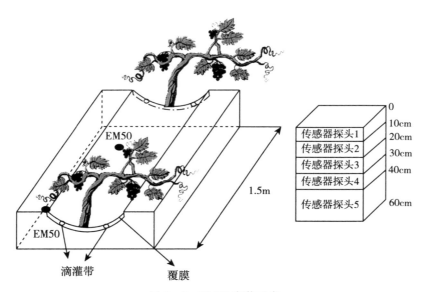

图 2-6　EM50 安装示意

二、结果与分析

1. 开沟覆膜滴灌葡萄生育期内土壤含水量变化

经种植葡萄果粒膨大期、果粒成熟期、枝条成熟期（6—9 月）田间试验区连续监测，在各自试验处理下，将 0～60cm 深度内监测土壤含水量做均值处理，分析膜中与膜外下方土壤体积含水量随监测日期的变化规律。

从图 2-7 可以看出，在监测时段期间，田间灌水共 5 次，每次灌水后，无论是膜中还是膜外土壤含水量均增幅明显，在强烈蒸发外界条件下，膜外由于没有覆膜遮盖，水分降低幅度较膜中稍快；但随着灌水定额的增加，膜中与膜外含水量差异在逐渐减小，这是因为灌水定额增加，灌溉水受到重力势和基质势双重作用下，水分入渗加快，水分向四周扩散速度加快，使得膜外下方土壤含水量逐渐增大。开沟模式为 20cm×100cm、灌水定额为 20m³/亩下，膜中

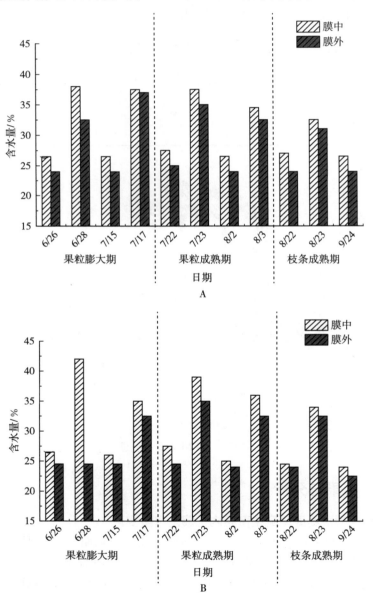

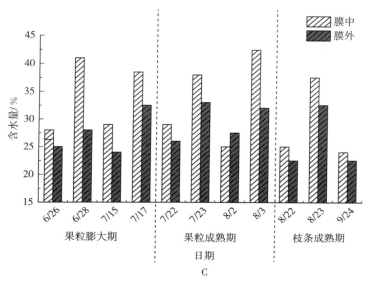

图 2-7　葡萄生育期内土壤含水量变化

A. 处理 1　B. 处理 2　C. 处理 3

灌水前与灌水后土壤含水量介于 25%～39%，膜外灌水前后土壤含水量介于 22%～36%，均接近土壤田间持水量，基本满足作物根系吸水要求。灌水定额为 25m³/亩、30m³/亩时，灌水后膜中土壤含水量最大分别为 42%、43%，膜外土壤含水量最大为 35%，说明加大灌水定额有利于滴灌带表面积水区增大，使得盐碱土壤在滴头下方形成饱和区增大，入渗速率加快。

2. 开沟覆膜滴灌葡萄生育期内土壤含盐量变化

经种植葡萄果粒膨大期、果粒成熟期、枝条成熟期（6—9 月）田间试验区连续测定，在各自试验处理下，将 0～60cm 深度内测定土壤含盐量做均值处理，明确膜中与膜外土壤体积含盐量变化规律。

从图 2-8 可以看出，在测定时段期间，每次灌水后，膜中土壤含盐量降低，膜外土壤含盐量增大，在强烈蒸发的外界条件下，覆膜下水分蒸散被抑制，在毛细作用下，水分向膜外移动，使得盐分随水分运移至膜外；但随着灌水定额的增加，膜中与膜外含盐量差异在逐渐增大，这是因为灌水定额增加，对土壤盐分的淋洗作用加强，更多盐分向膜外运移。开沟模式为 20cm×100cm、灌水定额为 20m³/亩下，膜中第一次灌水前与采摘后土壤含盐量分别为 15.3g/kg 与 8.5g/kg，土壤脱盐率达到 44.4%，膜外第一次灌水前与采摘后土壤含盐量 15.3g/kg 与 18.1g/kg，膜中土壤盐分下降，膜外土壤盐分增加，说明开沟有利于降低葡萄根系区域盐分含量，更利于葡萄生长。灌水定额为 25m³/亩、30m³/亩时，灌水后膜中土壤含盐量最小分别为 7.4g/kg、6.8g/kg，土壤脱盐率分别达到 51.3%、55.3%，膜外土壤含盐量最大分别为 18.6g/kg、19.4g/kg，说明加大灌水定额更有利于降低膜中土壤含盐量，使得盐分运移至非根系区域。

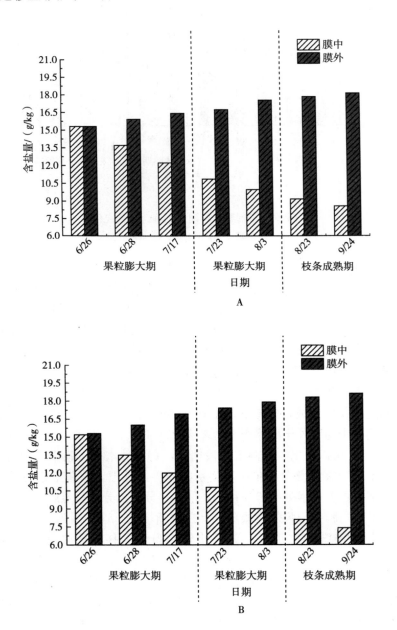

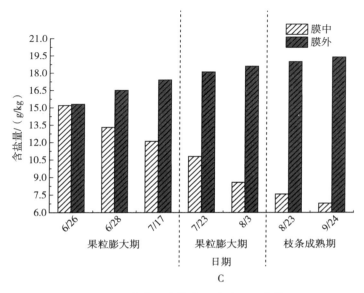

图 2-8　葡萄生育期内土壤含盐量变化
A. 处理 1　B. 处理 2　C. 处理 3

三、结论

第一，葡萄果粒膨大期、果粒成熟期、枝条成熟期（6—9 月）土壤水分连续监测显示，在开沟模式为 20cm×100cm、灌水定额为 20m³/亩时，无论是膜中还是膜外，灌水前后土壤含水量维持在 22%～39%，大部分时间土壤含水量保持在田间持水量以上，满足作物根系吸水。加大灌水定额后，在覆膜影响下，滴灌带表面积水区面积增大，使得盐碱土壤在滴头下方形成饱和区增大，入渗速率加快；随着灌水定额的增大，膜中与膜外含水量差异在逐渐减小膜外下方土壤含水量逐渐增大。

第二，葡萄果粒膨大期、果粒成熟期、枝条成熟期（6—9 月），土壤含盐量测定显示，膜中土壤含盐量低于膜外，且随灌水量的增加，膜中脱盐率增大，盐分降低有利于葡萄生长。

第三节　本章小结

通过室内模拟试验，研究和分析了组合式滴灌条件下土壤水分运动规律，重点研究"地下-地上-地上"模式铺设地上和地下滴灌带下土壤水分运动情况，通过试验得出以下结论：

第一，砂壤土质条件下，相同灌水量处理，组合式滴灌相较于常规滴灌，垂直方向上湿润距离小于常规滴灌，水平方向上湿润距离大于常规滴灌，常规滴灌更容易形成深层渗漏，且随着灌水量的增加越明显。

第二，在组合式滴灌技术模式下，从土壤有效含水量最终形成的区域来看有效截面在水平方向和垂直方向与常规滴灌模式比较都有优化，对葡萄抗冻害、抗日灼能力以及产量都有提高，可以为葡萄高品质丰产提供基础保证。

第三，将地下滴灌和地面滴灌结合的组合式滴灌技术运用到葡萄滴灌上，可以避免在一行葡萄地面上铺设更多滴灌带而影响机耕道使用和葡萄春季开墩上架作业。针对组合式滴灌技术还需研究该技术对葡萄根系生长的促进作用、水肥高效利用以及对产量和品质的最终影响，而且其为滴灌技术发展提供了一个新的途径，对今后滴灌技术的发展有借鉴意义。

通过田间试验的方式，研究分析了开沟滴灌条件下水盐运动规律，通过试验得出以下结论：

一是开沟滴灌的方式使灌溉水分更加集中，使得大部分时间土壤含水量保持在田间持水量以上，满足作物根系吸水。

二是开沟滴灌的方式在薄膜边裸露地形成的土壤脱盐范围更大，并优化了水分运动路径，增加了垂直入渗深度，进而影响土壤水盐运移规律。

三是由于开沟使葡萄根系处于土壤下部，膜外积盐区处于上部，可以实现根区与脱盐区相分离，从而满足葡萄正常生长。

总的来看，组合式滴灌相较于常规滴灌有着更好的灌溉均匀度，土壤湿润区更大，开沟滴灌使得土壤盐分运移至非葡萄根系区域，还能起到降盐作用，同时开沟滴灌优化了土壤水分的再分配规律，增加垂直入渗深度。新疆作为典型盐碱耕地区，盐碱是一个影响作物产量及品质的重要因素，开沟滴灌相对于常规滴灌更有利于降盐，是葡萄灌溉的更优方式。

参 考 文 献

[1] 刘晓伟，董文阁，董莉. 不同架式对冷棚着色香葡萄生长发育及品质和产量的影响 [J]. 园艺与种苗，2021，41（8）：29-30.

[2] 王伟军，郝建宇，陈文朝. 不同砧木对蜜光葡萄物候期和果实品质的影响 [J]. 山西农业科学，2021，49（7）：872-875.

[3] 崔鹏飞，魏灵珠，程建徽. 不同砧木对天工翠玉葡萄生长和果实品质的影响 [J]. 浙江农业学报，2021，33（1）：52-61.

[4] 王明洁，宋鹏慧，鲁会玲. 树形和叶幕形及花穗整形方式对'无核白鸡心'葡萄果实品质的影响 [J]. 经济林研究，2021，39（2）：188-195.

[5] 侯婷，闫鹏科，庞群虎. 行内覆盖对果园土壤特性及酿酒葡萄产量和品质的影响 [J].

河南农业大学学报，2019，53（6）：869-875.

[6] 王锐，闫鹏科，马婷慧．行内生草对土壤微环境和酿酒葡萄品质的影响［J］．干旱地区农业研究，2020，38（3）：195-203.

[7] 吴婷，王建春，曹丽艳．不同套袋对葡萄果实品质的影响试验［J］．农业科技通讯，2021（2）：185-186+247.

[8] 辛守鹏，李明，耿夙．悬挂反光膜对妮娜女皇葡萄果实着色及品质的影响［J］．落叶果树，2021，53（5）：19-20.

[9] 周慧，阿迪力·阿布都古力，武云龙．短梢修剪技术对无核白葡萄产量及商品率的影响研究［J］．绿色科技，2019（13）：161-162.

[10] 范晓晖，陈慕松，刘文婷，等．化肥减量配施有机肥对葡萄产量、品质及土壤质量的影响［J］．中国土壤与肥料，2022（3）：46-51.

[11] 韩晋，杜海平，李斌．黄棕腐植酸钾有机肥在葡萄上的施用效果［J］．山西农业科学，2020，48（7）：1106-1109.

[12] 张俊侠，王剑峰，张涛．化肥减量增施有机肥对葡萄产量及品质的影响［J］．农业科技通讯，2021（8）：214-215+219.

[13] 朱会调，高登涛，白茹．黄腐酸对土壤养分、葡萄品质和产量的影响［J］．新疆农业科学，2021，58（4）：672-681.

[14] 左达，郭鹏飞，孙权．有机肥施用量对酿酒葡萄产量品质及经济效益的影响［J］．江苏农业科学，2020，48（20）：137-141.

[15] 王东，曹源倍，吉遥芳．不同滴灌量对红寺堡区酿酒葡萄生长和品质的影响［J］．中国农业科技导报，2021，23（1）：154-161.

[16] 孙嘉星，王丽娟，韩卫华．不同灌溉水平对酿酒葡萄茎秆液流特征和产量、品质的影响［J］．灌溉排水学报，2021，40（10）：18-24.

[17] 胡博然，李华，马海军．葡萄耐旱性研究进展［J］．中外葡萄与葡萄酒，2002（2）：32-34.

[18] Hagin J，Lowengart A. Fertigation for minimizing environmental pollution by fertilizers ［J］. Fertilizer Research，1996，43（1-3）：5-7.

[19] 陈丽楠，刘秀春，荣传胜．灌溉方式和施氮量对葡萄光合特性和荧光参数的影响［J］．北方果树，2021（5）：13-15.

[20] 张大鹏，罗国光．不同时期水分胁迫对葡萄果实生长发育的影响［J］．园艺学报，1992（4）：296-300.

[21] 谢家琦．葡萄高产栽培技术［J］．安徽农学通报，1997（2）：64.

[22] 曾丽萍，闫艳，杨治明．红地球葡萄田管措施［J］．农村科技，2003（4）：30.

[23] 龚萍，刘洪光，何新林．水肥状况对幼龄葡萄光合特性的影响研究［J］．中国农村水利水电，2015（7）：10-15.

[24] Sarkar S，Paramanick M，Goswami S B. Soil temperature，water use and yield of yellow sarson（*Brassica napus* L. var. *glauca*）in relation to tillage intensity and mulch management under rainfed lowland ecosystem in eastern India［J］．Soil & Tillage Re-

search，2006，93（1）：94-101.

[25] 李波，屈忠义，王昊．河套灌区覆膜沟灌对加工番茄生长效应与品质的影响［J］．干旱地区农业研究，2014，32（6）：43-47.

[26] 杜岁虎，张文权．宽垄双行撮苗玉米高产栽培技术［J］．农业科技与信息，2008（1）：12.

[27] 张婷，吴普特，赵西宁．垄沟种植模式对玉米生长及产量的影响［J］．干旱地区农业研究，2013，31（1）：27-30＋40.

[28] Gu X B，Li Y N，Du Y D. Continuous ridges with film mulching improve soil water content，root growth，seed yield and water use efficiency of winter oilseed rape［J］. Industrial Crops & Products，2016，85：139-148.

[29] 李明思，刘洪光，郑旭荣．长期膜下滴灌农田土壤盐分时空变化［J］．农业工程学报，2012，28（22）：82-87.

[30] 王一民，虎胆·吐马尔白，弋鹏飞．盐碱地膜下滴灌水盐运移规律试验研究［J］．中国农村水利水电，2010（10）：13-17.

[31] 秦文豹，李明思，李玉芳．滴灌条件下暗管滤层结构对排水、排盐效果的影响［J］．灌溉排水学报，2017，36（7）：80-85.

[32] 叶建威，刘洪光，何新林．开沟覆膜滴灌条件下土壤水、温变化规律研究［J］．节水灌溉，2017（3）：1-4＋7.

[33] 朱海清．北疆膜下滴灌棉田土壤水盐运移规律研究［D］．乌鲁木齐：新疆农业大学，2016.

[34] 刘俊，刘崇怀．龙眼葡萄棚架栽培条件下的根系分布［J］．果树学报，2006（3）：379-383.

[35] 南庆伟，王全九，苏李君．极端干旱区滴灌条件下葡萄茎流变化规律研究［J］．干旱地区农业研究，2012，30（6）：60-67.

[36] 乔英，孙建，孙三民，等．滴灌对塔里木灌区骏枣根系分布的影响研究［J］．节水灌溉，2012，1991（3）：21-24.

第三章
滴灌葡萄田间土壤温度变化规律

　　膜下滴灌技术的推广加速了新疆节水农业发展，实现了节水、增产、高效的目的[1]。然而，膜下滴灌灌水量小，且部分灌溉用水矿化度高[2]，当蒸发强烈时土壤盐分会聚集表层，致使土壤产生次生盐化[3]。针对膜下滴灌技术的盐分表聚、累积及在重盐碱地推广问题[4-6]，刘洪光等[7-8]提出了一种调控田间盐碱的新技术——开沟覆膜滴灌技术。开沟覆膜滴灌技术是在覆膜滴灌技术基础上，增加开沟技术，将作物种植在膜下垄沟处，由于覆膜抑制蒸发，而裸地蒸发强烈，盐分随着土壤水蒸发不断向裸地表层土壤聚集，通过调控使盐碱与作物根区土壤局部分离，为作物根区创造一个适宜的盐分环境，满足作物生长的需要[3,7]。

　　土壤温度是土壤环境的重要参数之一，作为影响作物生长的重要因素，其对作物的影响机制一直是研究的重点[1,9-11]。土壤热量主要源自太阳辐射，土壤热量收支和热性质的不同导致了温度的变化[12]。膜下滴灌条件下，土壤中的热量分布规律与传统的大水漫灌相比，呈现出不同的时间和空间规律[13]，膜下滴灌土壤温度受气温、作物生理生长、灌水及土壤含水量共同作用[14]。陈丽娟等[15]研究了不同水分亏缺水平对土壤温度变化特征的影响，结果表明不同水分处理对土壤温度的影响差异较大。袁晶晶等[16]通过研究膜下滴灌棉田土壤温度时空变化规律，发现在棉花不同生育阶段导致土壤温度变化的主要影响因子不同；土壤温度主要影响因子，在棉花苗期为覆膜，在蕾期和花铃期为植株覆盖及土壤含水量，而在吐絮期则为植株覆盖。此外，很多学者针对小麦、玉米、棉花和果树等作物，围绕其在不同覆盖条件、不同土壤管理方式和耕作措施、不同节水灌溉条件等，对土壤温度、作物生长发育、产量及品质的影响开展了系列研究，取得了一系列的研究成果[17-39]。张德奇等[40]对干旱区覆膜技术研究进展进行了论述，大部分研究结果均表明覆膜对土壤温度有提升作用，作物最终达到增产目的。土壤温度影响着植物的生育，土壤空气和水的运动也与土壤温度有密切关系[3]。国内外学者研究均表明，适当增加土壤温度有利于促进种子发芽，保证作物出苗率[12]。

　　目前，针对新疆膜下滴灌葡萄田块土壤热量状况的田间观测资料和数值模拟研究较为缺乏；同时，以往的观测手段多为人工观测，研究也多是基于典型日进行，数据资料不连续，代表性不足。本文以新疆生产建设兵团第八师147团田间试验的连续性观测资料为基础，2016年对开沟覆膜滴灌葡萄田块的土壤热状况进行研究，监测不同灌水量和不同开沟模式下，膜内外0～100cm土壤温度变化，通过方差分析，着重探讨不同灌水处理、不同开沟模式条件下的土壤温度变化规律，以期在土壤热量变化规律的基础上更好地指导开展农业生产实践，旨在为解决新疆膜下滴灌葡萄种植推广提供一定的理论依据。

第一节　材料与方法

一、试验区基本情况

试验区域位于新疆生产建设兵团第八师147团6连（86°10′E～86°15′E、44°22′N～44°50′N），该团位于玛纳斯河下游、天山北麓中段、准噶尔盆地南缘，土地为当年开垦的生荒盐碱地，试验地位置概况详见第二章第二节的试验区基本情况。取试验地0～60cm深度内土壤进行分析，每层30cm；将土样风干碾碎，过2mm筛，采用Beckman Coulter公司生产的LS13320-全新纳微米激光粒度分析仪测定砂粒、粉粒和黏粒含量，并且按照国际制土壤质地分类，同时用环刀法测定各层土壤干容重、田间持水量、饱和含水量（体积含水量）。具体土壤主要理化性质情况见表3-1。试验用水为当地渠系水，常年平均矿化度在1g/L以下。

表3-1　开沟覆膜滴灌技术供试土壤主要理化性质

土层深度/ cm	土壤质地	颗粒质量分数/%			容重/ (g/cm³)	田间持水量/ %	饱和含水量/ %
		砂粒	粉粒	黏粒			
0～30	砂壤土	67.70	27.69	4.61	1.41	27.96	44.13
30～60	砂壤土	80.44	16.62	2.94	1.54	28.43	48.30

二、试验设计与布置

试验区种植葡萄品种为弗雷无核葡萄，为早熟品种，树龄为11年，行株距为3m×1.5m。葡萄种植为一行两管模式，采用开沟覆膜滴灌栽培（图3-1），通常采用滴头流量3.2L/h。整个葡萄生育期共灌水7次，灌水定额25～45m³/亩。

试验区葡萄生育期包括6个阶段：萌芽期（5月上旬开始）、开花期（6月上旬开始）、坐果期（6月中旬开始）、果粒膨大期（6月下旬开始）、果粒成熟

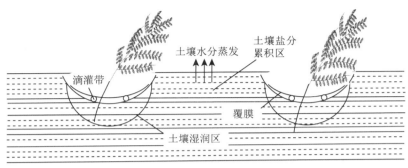

图 3-1　开沟覆膜滴灌技术示意

期（7月下旬—8月上旬）和枝条成熟期（8月中下旬开始）。由于地膜在作物生育后期的增温保墒作用减弱，因此，可采取揭膜的措施增大土壤透气性，加强根系的呼吸作用，防根系早衰。在葡萄的种植过程中，农户在7月下旬揭膜，所以葡萄生育期最后一次灌水方式为滴灌。为了探究不同的灌水处理和开沟模式对土壤温度的影响，该试验设计在葡萄种植中采用了两种常用的开沟模式，设置三个灌水处理（表3-2），具体试验方案设计见表3-3。试验观测的时间为2016年5月9日—7月19日，该时段属于葡萄的生育期，因葡萄生育后期（果粒成熟期和枝条成熟期）灌水次数少且为无膜滴灌，7月下旬停止观测。

表 3-2　开沟覆膜滴灌技术试验灌水处理

灌水处理	灌溉定额/（m³/亩）	不同灌水方式及灌水日期（月/日）下灌水量/（m³/亩）							
		膜下滴灌						滴灌	沟灌
		5/8	5/15	6/5	6/14	7/1	7/9	7/28	10/1
高灌水量	375	45	35	35	40	40	40	40	100
中灌水量	340	40	30	30	35	35	35	35	100
低灌水量	305	35	25	25	30	30	30	30	100

表 3-3　开沟覆膜滴灌技术试验方案设计

灌溉定额/（m³/亩）	不同开沟方式（深度×宽度）下处理	
	20cm×100cm	20cm×80cm
375	C1	C4
340	C2	C5
305	C3	C6

三、试验观测与方法

采用自动气象站自动检测大气温度，采用 EM50 自动监测土壤温度。数据的采集时间间隔为 8h。葡萄种植前，对仪器进行埋设安装。每行葡萄树埋设 2 套 EM50 数据采集器。EM50 一套安装在两棵葡萄树间距中点位置，另一套安装在膜边（图 3-2）。EM50 共有 5 个探头，5 个探头分别位于垂直地表 0～20cm、20～40cm、40～60cm、60～80cm、80～100cm 处。

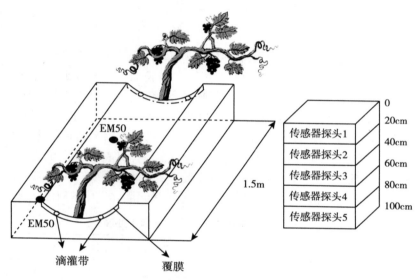

图 3-2 开沟覆膜滴灌技术试验仪器 EM50 安装示意

四、试验处理与分析

采用软件 Origin 8.5 绘图，采用软件 SPSS 20.0 进行数据处理统计与方差分析。

第二节 不同开沟模式下滴灌葡萄土壤温度变化

研究表明，覆膜技术具有明显改善土壤水分状况、增温保墒的作用，同时还能抑制杂草生长，减少不必要的水分消耗。葡萄属于喜温植物，根据葡萄根系生物学特性，土壤水分与土壤温度维持在 14～35℃适宜条件下，有利于葡萄根系生长与浆果糖分积累和有机酸分解。将 0～60cm 土层温度做均值处理，选取每日 12：00 与 24：00 土壤温度，作各处理土壤温度逐日变化图，如图

3-3所示。

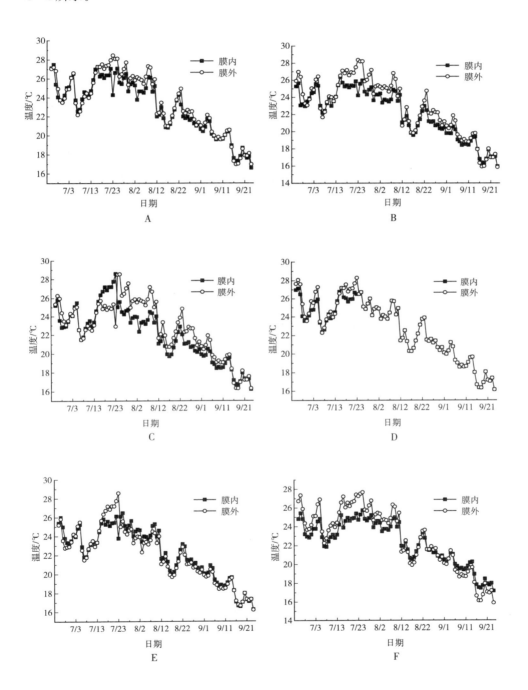

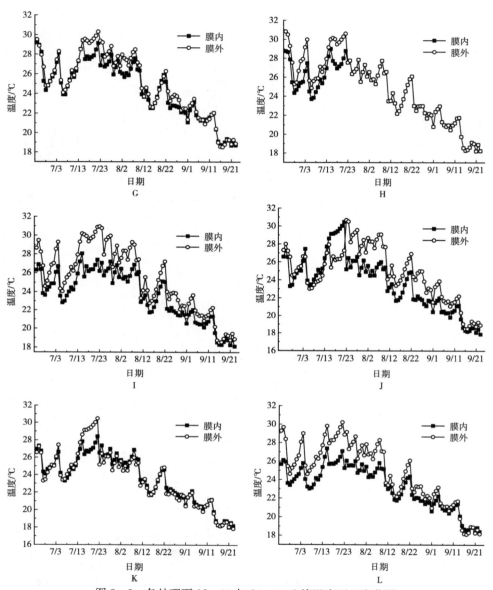

图 3-3 各处理下 12：00 与 24：00 土壤温度逐日变化图

A. 12：00 C1 B. 12：00 C2 C. 12：00 C3 D. 12：00 C4 E. 12：00 C5 F. 12：00 C6

G. 24：00 C1 H. 24：00 C2 I. 24：00 C3 J. 24：00 C4 K. 24：00 C5 L. 24：00 C6

从图 3-3A～F 可以看出，12：00 正处于地温上升阶段，温度变化幅度在 15.43～29.35℃。开沟模式为 20cm×80cm 时，监测范围内土层温度在夏季（6—7 月）天气炎热时表现为较高，最高达到 29.15℃；在葡萄生育期结束时

（秋季 9 月）表现为较低，最低为 15.43℃。开沟模式为 20cm×100cm 时，监测范围内土层温度在 7—8 月表现为较高，最高可达 29.35℃；在葡萄生育期结束时（9 月中旬）表现为最低，最低为 15.51℃。随着灌水量增加，膜内与膜外土壤温度差异逐渐减小，这说明加大灌溉用水量，有利于扩大土壤温度稳定的范围。从图 3-3G～L 可以看出，两种开沟模式下，24：00 土壤温度介于 18.25～31.05℃，均大于 12：00 土壤温度，这是由于当夜间土壤开始向四周散热时，覆膜给土体提供增温保墒作用。在相同灌水量下，随着开沟宽度增加，膜外温度较膜内温度变化差异大，这是由于水分入渗范围增加，土壤热扩散速度变慢。结果表明，在相同灌水处理下，随开沟宽度的增加，出现的最高温度和最低温度都相对较高，土壤保温作用更好。

由表 3-4 可知，随着开沟宽度的增加，在 0～60cm 及 80～100cm 土层内膜内各土层土壤温度均增加 0.05～0.21℃，在 20～100cm 土层内膜外各土层土壤温度均增加 0.04～0.28℃，说明适当增大开沟宽度可以提高膜内土壤温度，使覆膜的保温保墒作用更明显，同时可以增加膜边土壤温度，有利于水分、养分向膜边运移，有利于根系在水平方向的生长。

表 3-4　不同开沟模式处理下土壤温度的统计特征

单位：℃

处理			0～20cm	20～40cm	40～60cm	60～80cm	80～100cm
20cm×80cm	膜内	平均值	23.47	23.57	22.46	21.32	19.92
		标准差	4.35	3.99	3.59	3.51	3.41
	膜外	平均值	23.86	23.54	22.52	21.25	19.96
		标准差	3.86	3.87	3.63	3.48	3.43
20cm×100cm	膜内	平均值	23.68	23.71	22.58	21.09	19.97
		标准差	4.25	4.00	3.96	3.53	3.46
	膜外	平均值	23.20	23.82	22.78	21.38	20.00
		标准差	3.99	3.74	3.51	3.38	3.37

第三节　不同灌水处理下滴灌葡萄土壤温度变化

从图 3-4 可以看出，在各处理下，无论是膜内还是膜外，0～100cm 各层土壤温度在 5 月上旬处于低温水平，从 5 月下旬开始在波动中上升，大约在 6 月中旬达到峰值，之后基本维持在较高的水平，尽管有所波动但是波动幅度逐渐减小，后期其随时间变化的曲线形状趋于平缓。土壤温度整体上升主要是受太阳辐射和大气温度的影响。各土层土壤温度变化波动趋势与大气温度逐日变化趋势基本保持一致，且大气温度的影响随土壤深度的增加而减弱。土壤温度呈现上述变化规律是地表吸收和散失热量的结果，土壤表层热量变化向下传递需要一定的时间，因此，地表的土壤温度变化较剧烈，深层土壤温度趋于平缓。在相同开沟模式下，随着灌水量加大，水分扩散范围也逐渐增加，土壤温度受水分影响较大，膜内外温度差异小，出现的温度最低值也相对较大。结果表明，葡萄生育期内（果粒膨大期、果粒成熟期、枝条成熟期），在覆膜与灌溉水的相互作用下，给葡萄生长提供了一个良好的温度环境，从而有利于葡萄产量与品质的提高。

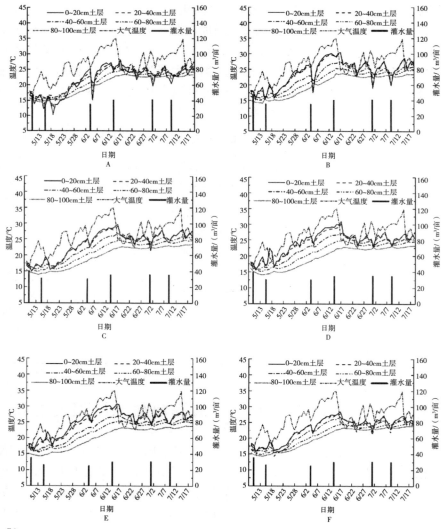

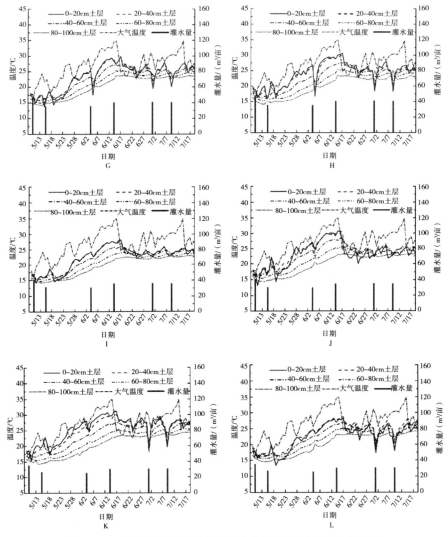

图 3-4 不同处理下葡萄生育期内土壤温度时空变化分布图

A. C1 膜内　B. C1 膜外　C. C2 膜内　D. C2 膜外　E. C3 膜内　F. C3 膜外

G. C4 膜内　H. C4 膜外　I. C5 膜内　J. C5 膜外　K. C6 膜内　L. C6 膜外

根据葡萄根系生理特性研究，葡萄属于喜温植物，土壤温度维持在13.21～35.05℃，有利于葡萄根系的生长、土壤养分的吸收以及糖分的积累。从图中可以看到，在各处理下，无论膜内土壤温度还是膜外土壤温度均在14.24～33.51℃波动，膜内土壤温度均值与膜外土壤温度均值相差不大，但是灌水（晚上）后，表层土壤温度会急剧下降，膜内和膜外土壤温度均下降，这可能是土壤含水量增加，夜晚降温，水汽凝结吸收热量等因素影响。待灌水48h后，土壤内水分重分布结束，在太阳辐射的作用下，温度逐渐上升，膜内土壤温度与膜外土壤温度波动趋势一致，灌水的影响基本消除，这是由于滴灌是局部灌溉，灌水后，膜内土壤温度降低，在太阳辐射热量和膜内外温度势作用下，膜内外土壤温度很快达到平衡。孙贯芳等研究发现膜内土壤温度受灌溉影响较大，灌水后越接近地表，土壤温度下降幅度越大，膜内地表5cm土壤温度在2～3d恢复至灌前水平，而膜外土壤温度基本不受灌溉影响。本研究发现膜外表层土壤温度受灌溉影响，与孙贯芳等研究有所不同，可能是由灌水量和观测点位置等因素引起。

由表3-5的方差分析结果可知，不同灌水处理对膜内0～80cm土层土壤温度影响差异显著，对膜内80～100cm土层土壤温度影响差异不显著，对膜外0～40cm土层土壤温度影响差异显著，对膜外其余各土层土壤温度影响差异不显著。陈丽娟等通过研究覆膜和水分双重因子对土壤温度的影响，发现水分因子对15cm土层以下土壤温度的变化起主导作用。

表3-5　不同处理对土壤温度影响的显著性分析

	处理		0～20cm	20～40cm	40～60cm	60～80cm	80～100cm
开沟模式	膜内	F	0.248	0.126	0.123	0.422	0.017
		Sig.	0.594	0.723	0.726	0.493	0.898
	膜外	F	3.323	0.073	0.551	0.164	0.011
		Sig.	0.069	0.449	0.458	0.686	0.916
灌水量	膜内	F	21.700	10.100	3.046	2.686	1.862
		Sig.	0.000	0.000	0.000	0.049	0.157
	膜外	F	4.102	3.122	0.668	0.079	0.346
		Sig.	0.017	0.045	0.513	0.824	0.708

注：Sig. 显著性水平为0.05。

从表3-6可知，膜内0～20cm、20～40cm土层土壤温度随着灌水量的增加而降低，在0～20cm土层，灌水量为305m³/亩处理的土壤温度显著高于340m³/亩和375m³/亩处理的土壤温度，比灌水量为340m³/亩处理高2.50℃，比灌水量为375m³/亩处理高2.93℃；在20～40cm土层，灌水量为305m³/亩处理土壤温度显著高于340m³/亩和375m³/亩处理的土壤温度，比灌水量为340m³/亩和375m³/亩处理均高约1.80℃；而在40～60cm土层，土壤温度与灌水量之间的变化关系则与0～20cm、20～40cm土层呈现的规律不同，土壤温度随灌水量的增加而增加，灌水量为375m³/亩处理土壤温度显著高于

305m³/亩和 340m³/亩处理的土壤温度，高约 0.40℃。膜外 0～20cm、20～40cm 土壤温度随灌水量的增加而增加；在 0～20cm 土层，灌水量为 340m³/亩处理的土壤温度比 305m³/亩处理高 0.95℃，375m³/亩处理的土壤温度比 305m³/亩处理高 1.26℃；在 20～40cm 土层，灌水量为 340m³/亩和 375m³/亩处理的土壤温度比 305m³/亩处理平均高 0.96℃。这是由于灌水量较小时，膜内浅层土壤含水量低，在膜内外水汽交换作用下，膜内浅层土壤温度能保持在较高水平，土壤水分在垂向运移速度快，能够很快地将土壤表层热量传递到深层土壤，使深层土壤温度增加。而灌水量较大时，表层土壤含水量较高，由于水的比热容较大，在太阳辐射和膜内外水汽交换作用下，表层土壤温度比灌水量较小时波动幅度小且升温缓，而深层土壤由于含水量高，土壤热量不易散失；同时，水分沿水平方向扩散快，能够使膜外土壤含水量大；而由于水分的比热容较大，故能够使膜边主根区范围（0～60cm）土壤温度维持在较高水平。

表 3-6 不同灌水处理下土壤温度的统计特征

单位：℃

处理			0～20cm	20～40cm	40～60cm	60～80cm	80～100cm
305m³/亩	膜内	平均值	25.39	24.83	22.08	21.67	20.17
		标准差	3.85	3.79	3.66	3.55	3.51
	膜外	平均值	22.81	23.04	22.42	21.25	20.14
		标准差	3.85	3.85	3.74	3.54	3.49
340m³/亩	膜内	平均值	22.89	23.08	22.04	20.71	19.49
		标准差	4.01	3.84	3.59	3.45	3.34
	膜外	平均值	23.76	24.04	22.91	21.41	19.81
		标准差	3.89	3.65	3.44	3.33	3.23
375m³/亩	膜内	平均值	22.46	23.00	22.44	21.23	20.17
		标准差	4.44	4.09	3.61	3.51	3.42
	膜外	平均值	24.07	23.96	22.62	21.28	19.98
		标准差	3.98	3.85	3.54	3.44	3.43

第四节 本章小结

本章主要通过监测不同灌水量和不同开沟模式下膜内外土壤温度变化规律，以土壤热量变化规律进一步深入认识农业生产活动。主要结论及研究成果如下：

第一，不同处理下，各土层土壤温度变化波动趋势与大气温度变化趋势基本保持一致，且大气温度的影响随土壤深度的增加而减弱。

第二，在试验期内通过土壤温度连续监测显示，在各处理下，无论膜内土壤温度还是膜外土壤温度均在 14.24～33.51℃ 波动，给葡萄根系生长提供了良好的温度环境，有利于根系对水分、养分的吸收以及产量和品质的提高。

第三，不同灌水处理对膜内 0～80cm 土壤温度影响差异显著，对膜外 0～40cm 土层温度影响差异显著。高灌水处理与低灌水处理相比，使膜内 0～20cm、20～40cm 土层土壤温度分别降低 2.93℃、1.83℃，使膜内 40～60cm 土层土壤温度提高 0.36℃。在膜外，中、高灌水处理与低灌水处理相比，使 0～20cm 土层土壤温度分别提高 0.95℃、1.26℃，使 20～40cm 土层土壤温度平均提高 0.96℃。

第四，采用不同开沟模式对膜内和膜外土壤温度影响差异不显著，适当增大开沟宽度，可以使膜内外土壤温度略有提高。

参 考 文 献

[1] 戴婷婷，张展羽，邵光成．膜下滴灌技术及其发展趋势分析 [J]．节水灌溉，2007（2）：43-44.

[2] 何文义，于涛，蔡玉梅．盐碱地的治理与利用 [J]．辽宁工程技术大学学报（自然科学版），2010，29（S1）：158-160.

[3] 叶建威．葡萄开沟覆膜滴灌条件下土壤水温盐变化规律研究 [D]．石河子：石河子大学，2017.

[4] 王全九，王文焰，吕殿青，等．膜下滴灌盐碱地水盐运移特征研究 [J]．农业工程学报，2000（4）：54-57.

[5] 王英，郭沂林，柴金华．兵团膜下滴灌技术推广存在的问题 [J]．节水灌溉，2008（2）：53-55.

[6] 康静，黄兴法．膜下滴灌的研究及发展 [J]．节水灌溉，2013（9）：71-74.

[7] 刘洪光，郑旭荣，何新林．开沟覆膜滴灌技术对田间盐碱的运移影响研究 [J]．中国农村水利水电，2010（12）：1-3.

[8] 徐猛．作物根系构型特征与水肥利用效率关系的研究 [J]．现代农业科技，2013（14）：230.

[9] 付强，马梓皋，李天霄，等．北方高寒区不同覆盖条件下土壤温度差异性分析 [J]．农业机械学报，2014，45（12）：152-159.

[10] 吕国华，康跃虎，台燕，等．不同灌溉方法对冬小麦农田土壤温度的影响 [J]．灌溉排水学报，2012，31（2）：48-50+65.

[11] 李瑞平，史海滨，赤江刚夫，等．冻融期气温与土壤水盐运移特征研究 [J]．农业工

程学报，2007（4）：70-74.

[12] 潘渝，郭谨，李毅，等．地膜覆盖条件下的土壤增温特性［J］．水土保持研究，2002（2）：130-134.

[13] 张治，田富强，钟瑞森，等．新疆膜下滴灌棉田生育期地温变化规律［J］．农业工程学报，2011，27（1）：44-51.

[14] 孙贯芳，屈忠义，杜斌，等．不同灌溉制度下河套灌区玉米膜下滴灌水热盐运移规律［J］．农业工程学报，2017，33（12）：144-152.

[15] 陈丽娟，张新民，王小军，等．不同土壤水分处理对膜上灌春小麦土壤温度的影响［J］．农业工程学报，2008（4）：9-13.

[16] 袁晶晶，汪丙国．膜下滴灌棉田土壤温度分布特征［J］．中国农村水利水电，2014（9）：16-22.

[17] 江燕，史春余，王振振，等．地膜覆盖对耕层土壤温度水分和甘薯产量的影响［J］．中国生态农业学报，2014，22（6）：627-634.

[18] 齐鹏春，刘志，肖继兵，等．辽西地区冬麦越冬期秸秆覆盖对土壤温度和湿度的影响［J］．陕西农业科学，2014，60（3）：1-5.

[19] 邢述彦．越冬期土壤温度场及其影响因素初探［J］．太原理工大学学报，2004（2）：134-136.

[20] 李海霞，杨井，陈亚宁，等．焉耆县滴灌条件下土壤水热盐的动态变化特征［J］．干旱区地理，2017，40（6）：1218-1226.

[21] 李琳，张海林，陈阜，等．不同耕作措施下冬小麦生长季农田二氧化碳排放通量及其与土壤温度的关系［J］．应用生态学报，2007（12）：2765-2770.

[22] 江才伦，彭良志，付行政，等．三峡库区柑橘园不同土壤管理方式对土壤温度的影响［J］．果树学报，2014，31（3）：401-409.

[23] 陈军锋，郑秀清，臧红飞，等．季节性冻融期灌水对土壤温度与冻融特性的影响［J］．农业机械学报，2013，44（3）：104-109.

[24] 张祥彩，李洪文，何进，等．耕作方式对华北一年两熟区土壤及作物特性的影响［J］．农业机械学报，2013，44（S1）：77-82＋71.

[25] 刘洪波，张江辉，白云岗，等．不同水分处理对香梨地土壤温度的影响［J］．水土保持研究，2013，20（5）：150-154.

[26] 孙彦坤，曹印龙，付强，等．寒地井灌稻区节水灌溉条件下土壤温度变化及水稻产量效应［J］．灌溉排水学报，2008，27（6）：67-70.

[27] 刘洪波，张江辉，白云岗，等．不同节水灌溉技术对香梨地土壤温度的影响［J］．干旱地区农业研究，2013，31（3）：66-73.

[28] 路超，王金政，薛晓敏，等．三种灌溉方式对成龄苹果树体生长发育和产量及品质的影响［J］．落叶果树，2011，43（6）：7-14.

[29] 张海军，王振平，王世平，等．灌溉方式对沙荒地土壤水分、葡萄树生长和果实品质的影响［J］．中国南方果树，2008（5）：56-58.

[30] 李晓梅．不同灌溉方式对果树土壤墒情的影响［J］．农家参谋·新村传媒，2013

（11）：3.

[31] 刘贤赵，宿庆，孙海燕．根系分区交替灌溉不同交替周期对苹果树生长、产量及品质的影响 [J]．生态学报，2010，30（18）：4881-4888.

[32] 赵志军，程福厚，高彦魁，等．灌溉方式和灌水量对梨产量和水分利用效率的影响 [J]．果树学报，2007（1）：98-101.

[33] 张林仁．灌溉及根砧对果树水分利用，树势生长，产量及果实品质之影响 [J]．台中区农业改良场特刊，2014：373-378.

[34] 胡海彬．果园土壤水分监视与灌溉自动控制研究 [D]．保定：河北农业大学，2012.

[35] 曹毅．基于物联网水肥控制系统的设施葡萄灌溉施肥模式研究 [D]．大庆：黑龙江八一农垦大学，2020.

[36] 徐伟忠，苏朝安，陈银华．一种新型的果树栽培模式——草地果园 [J]．安徽农学通报，2006（3）：51-53.

[37] 梁娟，谭虎彬，李志霞，等．不同覆盖模式对乔砧密植园苹果生长的影响 [J]．中国果菜，2018，38（4）：3.

[38] 常天然．两种绿肥种植模式对山地果园土壤水分和养分的影响 [D]．杨凌：西北农林科技大学，2019.

[39] 孙秋风．改变种植模式 提高经济效益——对李桥镇北河村果树间套种的调查 [J]．北京物价，2002（Z1）：32-33.

[40] 张德奇，廖允成，贾志宽．旱区地膜覆盖技术的研究进展及发展前景 [J]．干旱地区农业研究，2005（1）：208-213.

第四章
盐碱地滴灌葡萄土壤水盐变化与模拟

　　滴灌是精确化的局部灌溉模式，能将灌溉水连续均匀地输送至作物根部进行局部灌溉[1]，滴灌技术与覆膜技术相结合，可有效抑制土壤水分蒸发，使膜内水分蒸发冷凝后又回到土壤，农田土壤水分形成快速闭合式循环路径。在作物生育期内实行覆膜滴灌具有抑盐和节水效应，一定程度上可以解决土壤盐碱化和水资源短缺两大问题[2-5]。由于降雨极少、蒸发强烈等特殊的气候特征，新疆成为目前膜下滴灌应用面积最广泛的地区[6-8]，诸多学者在新疆开展了膜下滴灌试验，探索覆膜滴灌在调亏灌溉、土壤水温盐、农田土壤水文循环、水肥耦合、作物生长调控等方面的影响效应，这显著推动了膜下滴灌技术的理论探索和生产实践[1,9-10]。

　　随着滴灌材料成本持续降低和滴灌技术逐渐成熟，相关研究也越来越多，Aragüés 等[11-13]对棉花和葡萄等经济作物进行了滴灌试验研究，研究发现薄膜覆盖可将大气与土壤分隔，有效抑制土壤水分蒸发，使膜下的土壤水分和温度条件与作物正常生长相适应[3,14-17]。相对常规的漫灌、沟灌，覆膜滴灌技术能极大减少水分无效蒸发和深层渗漏，有助于作物高效利用土壤水分[18-19]。并且，研究表明土壤水分蒸发受到抑制时也会导致土壤水分迁移路径发生改变，使得盐分离子也不能随水分上升迁移到土壤上层，因此，覆膜滴灌技术能为葡萄根区提供良好的土壤和水分条件[20-22]。

　　由于土壤中水盐运动的复杂性，加上土壤的空间变异性，同时又受到灌水、土壤质地、潜水位、根系等因素的影响[23-26]，在大田研究土壤水盐运动具有极大挑战，因此，利用室内模型试验，通过对土壤、水分、温度、降雨等一系列因素进行控制，从而研究水盐运动规律[27]。Silber 等[28]在实验室研究中，采用土柱模型进行试验，对土柱灌溉脱盐水，同时利用 Br^-、Cl^- 等作为示踪剂，实施稳定速率灌水，研究对流-弥散模型，采用一维边界和初始条件，验证了模型的解析解。秦文豹等[29]利用室内模型研究了滴灌条件下暗管滤层结构对排水、排盐效果的影响。相对以上试验观测，数值模拟作为目前研究土壤水盐运移的重要方法，相对大田试验不仅可适用于多种复杂的环境、减少人为因素的影响、极大缩短试验周期，而且还可以节省人力、物力和成本[3,30-32]。并且随着计算机科学与农业的快速结合发展，更加成熟的通用软件被开发用于水盐运移相关的科学研究[14,33-35]。HYDRUS－1D、HYDRUS－2D、FEFLOW、SWMS、NPTTM 等模型广泛用于模拟饱和-非饱和水流和溶质运移[34,36-41]。目前，HYDRUS－（2D/3D）有限元计算机模型应用比较广泛，但并没有针对盐碱地葡萄土壤水盐变化与模拟的系统性研究。

基于研究现状的不足，本章拟依据大田试验实测的土壤水盐数据，结合HYDRUS 软件模拟土壤水流及溶质二维和三维运动，计算过程中可以根据实际情况选择水流边界，建立不同初始条件，软件输入输出功能灵活，可以清晰描述出田间水盐动态运动，并探寻出水盐变化规律，为提高新疆干旱地区水资源利用率、控制土壤盐渍化、促进葡萄生产管理科学合理、实现提质增效，为农田土壤水盐运移规律的进一步探索提供科学依据，并在一定程度上指导大田生产。

第一节　研究方案与试验方法

一、试验区基本情况

试验区域位于新疆生产建设兵团第八师 147 团 6 连石河子果品公司一站2♯地（86°10′E～86°15′E、44°22′N～44°50′N），土地为当年开垦的生荒盐碱地，种植作物主要为棉花、葡萄等，试验地位置概况详见第二章第二节的试验区基本情况。试验采用井水灌溉，水源矿化度低，对土壤盐分影响较小，可以忽略对土壤影响。该地区土壤最大冻结深度 1.8m，土壤冻结期始于 11 月下旬，冻土层完全融化在第二年的 4 月下旬，无霜期 160d，农作物一年一熟。该区盐碱土壤盐分组成以硫酸盐或氯化物为主。

1. 试验区土壤性质

在试验处理小区，取 0～60cm 深度内土壤进行分析，每 10cm 土层取出一个土壤样本；将土样风干碾碎，过 2mm 筛，采用 Beckman Coulter 公司生产的 LS13320－全新纳微米激光粒度分析仪测定砂粒、粉粒和黏粒含量，根据各级土壤颗粒含量比值，按照国际制土壤质地分类。同时，用环刀法测定各层土壤干容重，测得田间持水量、饱和含水量，见表 4－1。

表 4－1　试验区 0～60cm 土壤主要物理性质

土层深度/cm	土壤质地	颗粒质量分数/%			容重/（g/cm³）	田间持水量/%	饱和含水量/%
		砂粒	粉粒	黏粒			
0～10	砂壤土	62.65	32.75	4.60	1.32	26.51	44.41
10～20	砂壤土	68.92	26.76	4.32	1.45	29.16	43.21

（续）

土层深度/ cm	土壤质地	颗粒质量分数/%			容重/ （g/cm³）	田间持水量/ %	饱和含水量/ %
		砂粒	粉粒	黏粒			
20～30	砂壤土	71.53	23.56	4.91	1.45	28.22	44.77
30～40	砂壤土	74.13	22.35	3.52	1.45	27.27	48.33
40～50	砂壤土	81.55	15.57	2.88	1.59	30.00	48.33
50～60	砂壤土	85.63	11.94	2.43	1.57	28.03	48.24

试验用水为当地井水，常年平均矿化度在 0.5g/L 以下，耕作层土壤平均含盐量为 9.8g/kg。试验地土壤养分见表 4-2。此地有机质含量偏低，碱解氮含量属中等，有效磷含量偏低，速效钾含量较高，肥力状况属中下。

表 4-2　0～30cm 土壤肥力性状表

有机质/ %	全氮/ %	全磷/ %	碱解氮/ （mg/kg）	有效磷/ /（mg/kg）	速效钾/ （mg/kg）
0.834	0.038	0.141	33.302	9.805	245.102

2. 试验区气象资料

考虑野外实验架设田间气象站的不确定性，试验区又处于石河子气象站和炮台气象站之间，距离较近，都处于天山北坡、准噶尔盆地南缘，气候变异性不大，因此，收集石河子气象站和炮台气象站的数据作为试验区的气象条件。气象资料见表 4-3、表 4-4。

表 4-3　2016 年作物生育期气象资料月平均值

月份		降水量/ mm	平均太阳辐射/ （MJ/m²）	平均气温/ ℃	平均湿度/ %	平均风速/ （m/s）	平均大气压/ kPa
	上旬	0.70	145.63	15.60	0.700	1.400	977.4
4月	中旬	0.14	155.27	15.73	0.438	1.720	977.7
	下旬	1.84	178.98	18.90	0.542	2.210	974.5
	上旬	3.12	186.43	15.65	0.711	1.800	974.7
5月	中旬	2.44	198.91	17.48	0.570	2.290	976.6
	下旬	0.00	220.10	22.15	0.389	1.727	969.2
	上旬	0.10	234.99	29.06	0.446	1.440	969.9
6月	中旬	1.36	245.59	28.33	0.517	1.530	967.7
	下旬	1.80	246.45	24.41	0.653	1.160	971.5

（续）

月份		降水量/ mm	平均太阳辐射/ （MJ/m²）	平均气温/ ℃	平均湿度/ %	平均风速/ （m/s）	平均大气压/ kPa
7月	上旬	1.22	257.24	25.56	0.640	1.520	965.5
	中旬	0.30	262.62	27.00	0.592	1.240	966.1
	下旬	1.16	269.14	26.43	0.684	0.973	967.3
8月	上旬	1.02	253.33	25.26	0.666	1.140	971.2
	中旬	0.00	222.89	26.91	0.540	1.010	969.7
	下旬	0.00	224.99	24.16	0.553	0.982	973.1

表 4-4　2017 年作物生育期气象资料月平均值

月份		降水量/ mm	平均太阳辐射/ （MJ/m²）	平均气温/ ℃	平均湿度/ %	平均风速/ （m/s）	平均大气压/ kPa
4月	上旬	1.20	154.58	9.20	0.72	1.548	980.9
	中旬	1.36	163.12	14.36	0.61	1.671	978.2
	下旬	0.00	184.12	18.60	0.50	1.939	977.4
5月	上旬	0.12	190.72	18.75	0.43	2.481	978.5
	中旬	1.50	201.77	23.74	0.45	2.041	972.9
	下旬	0.14	220.54	25.20	0.47	1.837	972.9
6月	上旬	0.68	233.73	23.63	0.49	1.526	970.7
	中旬	0.22	243.12	27.83	0.50	1.532	967.7
	下旬	0.58	243.88	27.09	0.55	1.633	966.2
7月	上旬	0.02	253.44	28.51	0.56	1.134	965.4
	中旬	0.46	258.21	26.86	0.60	1.070	967.7
	下旬	0.18	263.98	28.48	0.56	1.049	965.8
8月	上旬	0.50	249.65	26.34	0.56	1.379	967.0
	中旬	0.76	223.01	22.97	0.58	1.426	970.7
	下旬	0.00	224.87	23.42	0.53	1.207	973.6

3. 试验区地下水位与灌溉水质

地下水位：试验区位于玛纳斯河流域中下游，田间 95% 以上农渠采用了防渗措施，同时由于长期使用滴灌技术，灌溉水深层渗漏少，因此地下水位低。在试验区域的南北两侧人工各打一个观测井，井深 3.5m，均未观测到地下水，说明地下水埋深大于 3.5m，在研究中不考虑地下水对农田水分和盐分运动的影响。

　　灌溉水质：采用井水灌溉，井深 180m，水源为承压层地下水，两年（2016 年和 2017 年）连续监测结果显示，灌溉水矿化度为 20～50mg/L。

二、试验材料与方法

　　试验区采用弗雷无核葡萄进行试验，该品种表现为果穗大小中等，颗粒均匀，颜色鲜艳，风味甜美，可溶性固形物含量 20% 以上，品质良好，且葡萄树产量高，耐储运，抗病能力强，是石河子垦区主要葡萄品种之一，见图 4-1。弗雷无核葡萄各生育阶段如表 4-5 所示。

图 4-1　试验葡萄品种

表 4-5　弗雷无核葡萄各生育阶段

生育阶段	萌芽期	开花期	坐果期	果粒膨大期	果粒成熟期	采收期
开始日期	5 月上旬	6 月上旬	6 月中旬	6 月下旬	7 月下旬—8 月上旬	8 月下旬

　　2016—2017 年，葡萄树龄分别为 11 年、12 年，属于葡萄丰产树龄，葡萄种植株距 1.5m，行距 3m，排架种植，具有较好代表性。葡萄开墩、除草、整枝、打药、中耕、冬埋等一系列过程按当地传统技术统一进行。

三、试验设计与处理

　　采用三种灌溉定额，分别为 375m³/亩、340m³/亩、305m³/亩，两种开沟模式，分别为 20cm×100cm 和 20cm×80cm（沟深×沟宽），详见图 4-2。其中，L 为开沟宽度、D 为开沟深度。灌水后，垄沟可以使水向地势低洼处的作物根区汇集，地膜可以增温、保墒、抑制水分的蒸发。开沟覆膜滴灌模式下，水从地膜以外裸露地面蒸发，将膜下的盐分带到膜外，调控根区盐分，保证葡萄正常生长。

试验采用正交设计，随机布置试验小区。试验采用单翼迷宫式滴灌带，滴头流量为 3.2L/h，小区首部安装球阀和水表控制灌水量。试验处理和灌溉制度见表 4-6，小区布置见图 4-3。

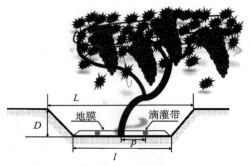

图 4-2　葡萄种植模式

注：L 为开沟宽度，l 为沟底部深度，D 为开沟深度，$L×D×l＝100cm×20cm×80cm$ 或 $80cm×20cm×60cm$；p 为葡萄根基部与滴灌带间距，均取为 15cm。

表 4-6　试验处理和灌溉制度

| 处理 | 膜下滴灌灌水量/（m³/亩） | | | | | | 滴灌灌水量/（m³/亩） | 沟灌灌水量/（m³/亩） | 灌溉定额/（m³/亩） | 开沟模式 |
	2016/5/8（2017/5/8）	2016/5/15（2017/5/22）	2016/6/5（2017/6/5）	2016/6/14（2017/6/19）	2016/7/1（2017/7/3）	2016/7/9（2017/7/17）	2016/7/28（2017/7/28）	2016/10/12（2017/10/12）		
C1	45	35	35	40	40	40	40	100	375	20cm×100cm
C2	40	30	30	35	35	35	35	100	340	20cm×100cm
C3	35	25	25	30	30	30	30	100	305	20cm×100cm
C4	45	35	35	40	40	40	40	100	375	20cm×80cm
C5	40	30	30	35	35	35	35	100	340	20cm×80cm
C6	35	25	25	30	30	30	30	100	305	20cm×80cm

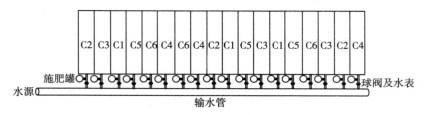

图 4-3　2016—2017 年试验小区布置

四、指标测定及方法

1. 土壤水盐监测

土壤水盐动态采集：葡萄开墩后，安装 EM50 数据采集器（美国 Decagon 公司）。每行葡萄树埋设 2 套 EM50 数据采集器，一套 EM50 安装在两棵葡萄树中间位置，另一套 EM50 安装在开沟薄膜边，两套仪器水平间距 40cm，设置测量时间间隔为 12h，5 个传感器安装深度分别为 20cm、40cm、60cm、80cm、100cm。每周用电脑采集一次试验数据。为标定仪器的准确性，在每次灌水后取土，取土位置：水平方向上，滴头正下方距滴头 20cm、40cm、60cm、80cm 处；垂直方向上分 4 个土层取样，分别为 0～20cm、20～40cm、40～60cm、60～80cm。取代表性试样 15～30g，放入称量盒内，立即盖好盒盖称量。带回实验室后打开盒盖，将试样和盒放入烘箱，在 105～110℃下烘到恒量。烘干时间为黏质土不少于 8h，砂类土不少于 6h。对含有机质超过 5％的土，应将温度控制在 65～70℃的恒温下烘至恒量。将烘干后的试样和盒取出，盖好盒盖，放入干燥器内冷却至室温，称量干土质量。本试验称量结果应精确至 0.01g。

按下式计算含水量：

$$\omega = \frac{m - m_{\text{s}}}{m_{\text{s}}} \times 100\% \qquad (4-1)$$

式中：ω——含水量，精确至 0.01％；

m——湿土质量，g；

m_{s}——干土质量，g。

土壤水盐数据人工采集：除自动采集试验数据以外，还进行土钻取样测得土壤水分和盐分含量，分别在葡萄开花期、坐果期、果粒膨大期、果粒成熟期与采收期 5 个生育阶段进行取样。

分别在灌前、灌后对土壤进行取样，取土位置：水平方向上，滴头正下方距滴头 20cm、40cm、60cm、80cm 处；垂直方向上分 4 个土层取样，分别为 0～20cm、20～40cm、40～60cm、60～80cm。每行葡萄树采样点用油漆标记，总含盐量测定采用烘干残渣法，称取风干土壤 20g，置于烧杯中，加入 100mL 蒸馏水，搅拌 3min 后过滤。吸取 50mL 滤液，放入已干燥称重的 100mL 小烧杯中，于水浴或砂浴蒸干。用 15％过氧化氢溶液处理，水浴加热，去除有机物。用滤纸片擦干小烧杯外部，放入 100～105℃烘箱中烘 4h，然后移至干燥器中冷却至室温（一般冷却 30min 即可），用分析天平称量。称好后的烘干残渣继续放入烘箱中烘 2h 后再称，直至恒重（即两次重量相差小于 0.000 3g）。标定电导率与土壤含盐量的关系，利用电导率反算土壤含盐量。土壤电导率测定采用 DDS-11A 雷磁电导率仪。

电导率与土壤含盐量标定公式为：

$$C = 3.765\ 7EC_{1:5} - 0.240\ 5 \qquad (4-2)$$

式中：C——土壤含盐量，g/kg；

$EC_{1:5}$——土水 1：5 土壤浸提液电导率，dS/m。

2. 土壤干容重测定

土壤容重的大小反映土壤结构、透气性、透水性及保水能力的高低，一般耕作层土壤容重 1.0～1.3g/cm³，土层越深则容重越大，可达 1.4～1.6g/cm³，土壤容重越小说明土壤结构、透气透水性能越好。测定土壤容重的方法很多，通常采用环刀法；此外，还有蜡封法、水银排出法、填砂法和射线法等。蜡封法和水银排出法主要测定一些不规则形状的坚硬和易碎土壤的容重。填砂法比较复杂、费时，除非是石质土壤，一般测定都不采用此法。射线法需要特殊仪器和防护设施，不易广泛使用。

本试验中土壤干容重测定采用环刀法。在田间选择挖掘土壤剖面的位置，然后挖掘土壤剖面，观察面向阳。挖出的土放在土坑两边。挖的深度一般是 1m，如只测定耕作层土壤容重，则不必挖土壤剖面。用修土刀修平土壤剖面，并记录剖面的形态特征，按剖面层次分层采样，每层重复 3 次。将环刀托放在已知重量的环刀上，环刀内壁稍涂上凡士林，将环刀刃口向下垂直压入土中，直至环刀筒中充满样品为止。若土层坚实，可用手锄慢慢敲打，环刀压入时要平稳，用力一致。用修土刀切开环刃周围的土样，取出已装上的环刀，细心削去环刀两端多余的土，并擦净外面的土。同时在同层采样处用铝盒采样，测定自然含水量。把装有样品的环刀两端立即加盖，以免水分蒸发。随即称重（精确到 0.01g），并记录。将装有样品的铝盒烘干称重（精确到 0.01g），测定土壤含水量。或者直接从环刀筒中取出样品测定土壤含水量。

按以下公式计算土壤干容重：

$$V = \pi r^2 h \qquad (4-3)$$

式中：V——环刀容积，cm³；

r——环刀内半径，cm；

h——环刀高度，cm；

π——圆周率，3.141 6。

$$r_s = \frac{100G}{V(100 + W)} \qquad (4-4)$$

式中：r_s——土壤容重，g/cm³；

G——环刀内湿样重，g；

V——环刀容积，cm³；

W——样品含水量，％。

3. 灌水均匀度评价

针对双线源滴灌条件下灌水均匀度评价，采用灌水后土壤湿润均匀度评价法，灌水 24h 后，以一棵葡萄树为中心，以设计湿润宽度为一边长，以株距为另一边长，选取一个矩形区域作为一独立单元，分 9 个点取样，取样深度为80cm，每隔 20cm 取一个土样，采样点见图 4-4。

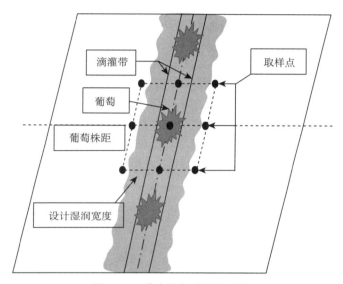

图 4-4　灌水均匀度评价示意

各取样点测得的含水量分别记为 θ_1、θ_2、θ_3、θ_4、θ_5、θ_6、θ_7、θ_8、θ_9。利用公式计算不同深度的土壤含水量，评价滴灌灌水均匀度 S。

公式如下：

$$S = \left[1 - \frac{\sum_{i=1}^{n} |\theta_i - \bar{\theta}|}{\sum_{i=1}^{n} \theta_i} \right] \times 100\% \qquad (4-5)$$

第二节　不同灌水定额对土壤水分空间分布影响

一、葡萄开花期不同灌水定额下土壤水分分布特点

葡萄开花期于 6 月 5 日灌水，分别在灌水前48h 与灌水后 48h 进行取样，在 20cm×100cm 开沟模式低灌水定额、中灌水定额、高灌水定额处理下土壤含水量等值线图见图 4-5。在灌前，各取样点土壤含水量由上向下逐渐升高，树体主干下靠近表层的含水量由 17% 逐渐增大到 23%。水平方向从膜内到膜

外土壤含水量逐渐降低，表层由 18％下降到了 16％，而膜内同一土层中土壤含水量变化略有波动，但变化并不明显，说明在覆膜与土壤基质势共同作用下，覆膜具有抑制土壤水分蒸发的作用，膜内表层土壤水分较高，而膜外在外界强烈蒸发条件下，表层土壤水分较低。

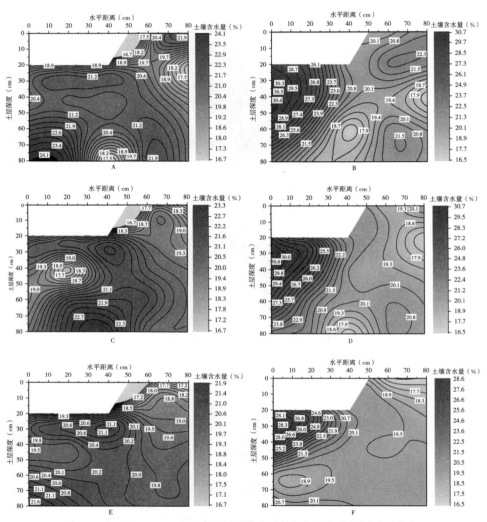

图 4-5　C1、C2、C3 处理下灌前灌后土壤含水量等值线图（开花期）

A. C1-灌前　B. C1-灌后　C. C2-灌前　D. C2-灌后　E. C3-灌前　F. C3-灌后

注：横坐标 15cm、纵坐标 20cm 刻度处为滴头位置，横坐标 0～50cm（或 0～40cm）、纵坐标 0～20cm 刻度处为葡萄树种植沟的位置，下同。

灌水后 48h，膜内各取样点土壤含水量均有所升高，40～60cm 处升高幅度最大，树体主干下土壤含水量最高约 30％。由于受垄沟影响，膜边表层水分入渗速度变慢，但含水量增大不明显；而在膜外，随着离滴灌带距离增大，土壤含水量受灌水影响程度逐渐降低，土壤水分变化平缓，在外界强烈蒸发影响下，表层含水量逐渐降低。但 60～80cm 深度范围内土壤含水量基本保持不变，说明葡萄根系在这一区域分布少。随着灌水定额的减少，各取样点下土壤含水量都有所下降，其中树体主干下 20～60cm 范围内土壤含水量变化较小，60cm 以下土壤含水量下降幅度较大，说明 20～40cm 土壤水分基本处于饱和状态，由于灌水定额减少，60cm 以下部分入渗水量和时间不够充分。膜内，各监测点所受灌水定额影响大；膜外，各点含水量受灌水定额影响小。受灌水定额影响，不同处理土壤深层含水量也呈现不同程度降低，说明滴灌没有产生深层渗漏。低灌水定额处理处理在灌前根系区域土壤含水量基本上都小于20％，葡萄受到了一定胁迫。

二、葡萄果粒膨大期不同灌水定额下土壤水分分布特点

葡萄果粒膨大期于 7 月 3 日灌水，分别在灌水前 48h 与灌水后 48h 进行取样。此次灌水是葡萄生育期内第五次灌水，由于该时期葡萄处于耗水高峰期，需水量大，与 6 月 5 日相比，灌水定额增加了 5m³/亩。该时期低灌水定额、中灌水定额、高灌水定额处理下灌前灌后土壤含水量等值线图见图 4-6。

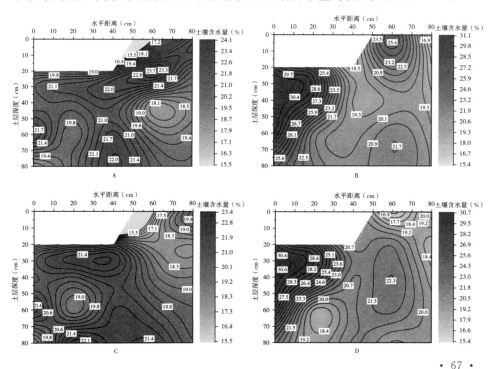

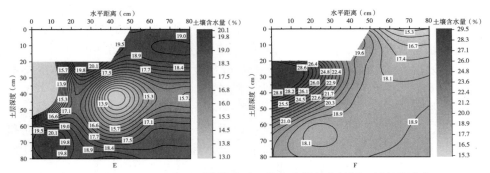

图 4-6 C1、C2、C3 处理下灌前灌后土壤含水量等值线图（果粒膨大期）
A. C1-灌前 B. C1-灌后 C. C2-灌前 D. C2-灌后 E. C3-灌前 F. C3-灌后

灌水后 48h，随着灌水定额增加，各土体剖面内土壤含水量均有显著增加，有效湿润区面积也显著增加，在覆膜区，越靠近滴头，土壤含水量增加且均大于田间持水量，水分受根系吸水和基质势影响继续重分布，膜外土壤含水量增加幅度不大。高灌水定额处理树体主干正下方 20～60cm 范围内土壤含水量均超过田间持水量，在 29%～31% 波动；距树体主干 20cm 处，20～60cm 深度范围内土壤含水量在 21%～29%；距树体主干 40cm 处，土壤含水量变化受灌水影响开始减小，表层土壤含水量较低，为 18.5%，20cm 以下土壤含水量变化不大，在 19%～21% 波动。在膜外，由于裸地蒸发影响，表层土壤含水量较低，在 15% 左右，而 20～80cm 深度范围内土壤含水量有所升高，80cm 处土壤含量在 18%～20%，与土壤初始含水量相比变化不大。中灌水定额和低灌水定额处理土壤含水量分布规律与高灌水定额处理趋势相同，灌前中灌水定额处理葡萄根区土壤含水量在 20% 左右，而低灌水定额处理土壤含水量在 15% 左右，根系受到了水分胁迫。

三、葡萄果粒成熟期不同灌水定额下土壤水分分布特点

葡萄果粒成熟期于 7 月 28 日灌水，分别在灌水前 48h 与灌水后 48h 进行取样。作物生育后期，为加快生殖生长，促进葡萄果粒成熟，提高果实品质，在农业生产实践中通常会采取少量灌水或不灌水的措施。由于地膜在作物生育后期的增温保墒作用减弱，为加强根系的呼吸作用，防止根系早衰，试验于 7 月下旬揭掉地膜，增大土壤透气性。果粒成熟期不同处理下灌前灌后土壤含水量等值线图见图 4-7。

由图可见，由于未覆膜，灌水前整个土体的土壤含水量较之前覆膜时低，距树体主干 0cm、20cm、40cm 处，20～40cm 土层的土壤含水量在 14%～18%；但在 60～80cm 土层内土壤含水量仍然较高，与覆膜时期相比差异不大，

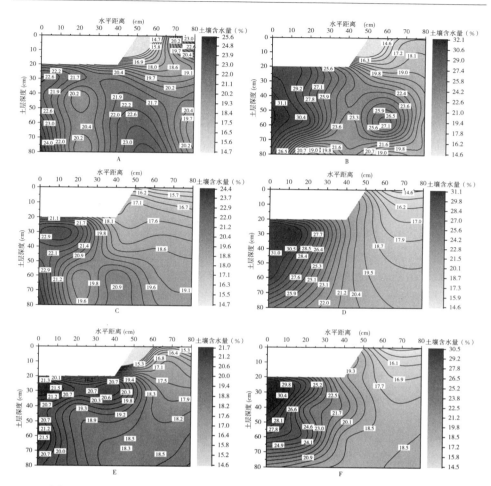

图 4-7　C1、C2、C3 处理下灌前灌后土壤含水量等值线图（果粒成熟期）
A. C1-灌前　B. C1-灌后　C. C2-灌前　D. C2-灌后　E. C3-灌前　F. C3-灌后

说明了 60～80cm 土层既没有深层渗漏，也没有过多根系吸水和蒸发。灌水后，由于没有覆膜，垄沟中 0～60cm 土层土壤含水量增幅较之前覆膜时小，但随着灌水定额减少，远离树干主体处土壤含水量较灌前基本无变化。灌溉定额为 340m³/亩、305m³/亩时的等值线图显示，整个 80cm×80cm 土体剖面上，仅仅是在距树干主体 15cm 的土壤剖面内存在少量超过田间持水量的区域，说明土壤水分较集中，分布不均匀，土壤湿润均匀度变差，未覆膜状态下土壤含水量较覆膜时低，体现了覆膜抑制蒸发、保墒的作用。在灌后整个土体剖面超过田间持水量区域较覆膜时明显减小，蒸发影响了田间土壤含水量，说明覆膜可以优化滴灌后土壤水分的分布状况。

第三节　不同开沟模式对土壤水分空间分布影响

开沟可以使灌溉水相对集中，开沟深度、宽度、土壤导水率和初始含水量是影响水分入渗的重要因素。本文设计 20cm×100cm 和 20cm×80cm（沟深×沟宽）的两种开沟模式，研究在两种开沟模式下的水分运移和分布情况，以 C1 与 C4 处理结果作对比，分析葡萄三个生育阶段灌水前后土壤含水量变化规律。

一、葡萄开花期不同开沟模式下土壤水分分布特点

葡萄开花期两种不同开沟宽度在高灌水定额处理条件下灌水前后土壤含水量分布见图 4 - 8。灌水前，100cm 开沟宽度处理下膜内土壤含水量上部为 20%，说明上部土壤水分受到葡萄根系吸水影响，下降到田间持水量的 70% 左右，然后再进行灌水，能够满足葡萄正常生长；下部土壤含水量偏大，达到 23%，说明水分有下渗并脱离根系层。80cm 开沟宽度处理下膜内含水量上部为 18%，下部为 21%，说明上部土壤水分受到葡萄根系吸水影响，根系吸水受到一定胁迫。灌水后，100cm 开沟宽度处理下膜内土壤含水量在 20%～30%，

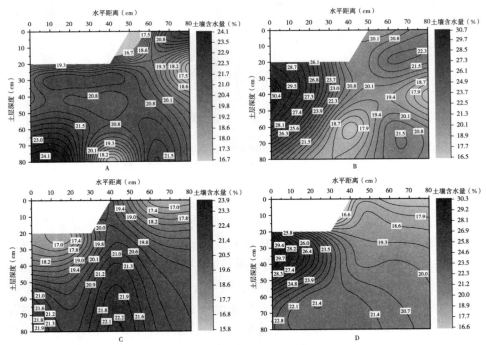

图 4 - 8　C1、C4 处理下灌前灌后土壤含水量等值线图（开花期）

A. C1-灌前　B. C1-灌后　C. C4-灌前　D. C4-灌后

分布范围处于宽 40cm、深 80cm 土体内；膜外土壤含水量也在 20％左右，与灌前相比土壤含水量略有增长。80cm 开沟宽度处理下膜内土壤含水量上部为 25％～29％，膜外土壤含水量也在 18％左右，部分区域土壤含水量有所降低，但是总体来看水分分布浅而宽，利于根系生长但是不利于洗盐。

二、葡萄果粒膨大期不同开沟模式下土壤水分分布特点

葡萄果粒膨大期两种不同开沟宽度在高灌水定额处理条件下灌水前后土壤含水量分布见图 4-9。灌水前，100cm 开沟宽度处理下膜内土壤含水量基本上都在 20％左右，膜外土壤含水量比开花期有所降低在 15％～19％，水分水平运移距离没有到达此区域，由于蒸发作用，土壤含水量下降；80cm 开沟宽度处理下膜内下部土壤含水量为 21％，含水量剖面分布广，利于葡萄根系生长。灌水后，100cm 开沟宽度处理下膜内土壤含水量为 20％～30％的分布范围较小，水分水平运移距离短；而 80cm 开沟宽度处理下膜内土壤含水量上部为 20％～30％的分布范围显著增加，膜外土壤含水量也在 17％左右，将水分有效调控在葡萄根区。

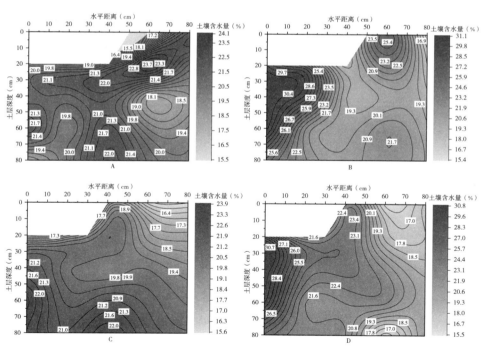

图 4-9　C1、C4 处理下灌前灌后土壤含水量等值线图（果粒膨大期）

A. C1-灌前　B. C1-灌后　C. C4-灌前　D. C4-灌后

三、葡萄果粒成熟期不同开沟模式下土壤水分分布特点

葡萄果粒成熟期两种不同开沟宽度在高灌水定额处理条件下灌水前后土壤含水量分布见图 4-10。灌水前，100cm 开沟宽度处理下膜内土壤含水量基本上都在 21% 左右，与果实膨大期相比较略有增大，80cm 开沟宽度处理类似，此时期葡萄营养生长和生殖生长都很旺盛，需水量大，灌溉密集，灌水与葡萄生长实现了协同。灌水后，80cm 开沟宽度处理下土壤含水量为 20%～30% 的分布区域较 100cm 开沟宽度处理分布区域大。结果显示，开沟变窄可以增加土壤湿润深度，土体含水量均匀性变好，随着生育进程的推移，土壤水分向下运移速度变慢，水分集中到土壤上层，说明生育后期由于灌溉、耕作、施肥等因素土壤变得板结，阻碍了土壤水分向下运动。

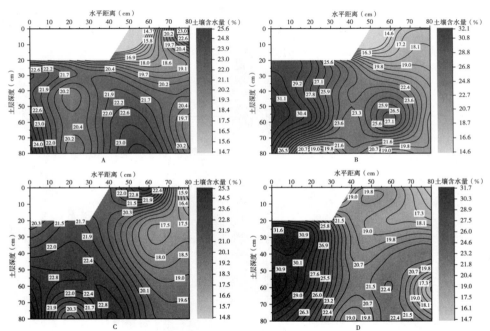

图 4-10　C1、C4 处理下灌前灌后土壤含水量等值线图（果粒成熟期）
A. C1-灌前　B. C1-灌后　C. C4-灌前　D. C4-灌后

第四节　不同灌水定额对土壤盐分空间分布影响

一、葡萄开花期不同灌水定额下土壤盐分分布特点

葡萄开花期不同灌水处理下土壤含盐量等值线图见图 4-11。灌水使上层

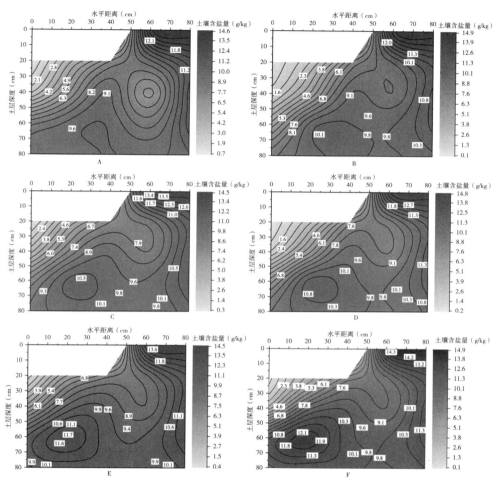

图 4-11　C1、C2、C3 处理下灌前灌后土壤含盐量等值线图（开花期）
A. C1-灌前　B. C1-灌后　C. C2-灌前　D. C2-灌后　E. C3-灌前　F. C3-灌后

土壤盐分向下层运移，越靠近滴头的土层，土壤盐分减少的程度越大。在灌前（膜内），各取样点土壤含盐量呈现表层土壤比 20cm 处土壤略大，20～80cm 深度上部大、下部小的分布特征。膜外的各取样点显示，各土层土壤盐分有小幅增加，而且土壤盐分表聚现象明显。这说明水分将土壤上层的盐分带到了土壤下层，由于地膜的抑制蒸发作用，膜外裸地的蒸发使膜外尤其是膜外表层土壤含盐量增幅较大。膜内土壤表层盐分与第一次灌水前相比有了明显减少。在灌后（膜内），各取样点 20～60cm 土壤含盐量均有减少，但上部比下部减少更显著，60～80cm 土壤含盐量略有增加，说明滴灌起到了洗盐作用。水平距树干主体 0～20cm 范围内，20～60cm 土壤含盐量减少明显，膜边土壤含盐量减少得不明显。

膜外各土层土壤含盐量与灌前相比呈现出 0～20cm 表层少量增加、20～80cm 有增有减、但总体增加的现象。这说明在开沟和覆膜的双重影响下，灌水对膜内土壤盐分的淋洗作用强，葡萄根系周围出现了一个脱盐区域，有利于葡萄生长发育。

二、葡萄果粒膨大期不同灌水定额下土壤盐分分布特点

葡萄果粒膨大期不同灌水处理下土壤含盐量等值线图见图 4-12。与开花期相比，膜内 20～60cm 深度内土壤含盐量进一步减少，60～80cm 深度内土壤含盐量略微有所增加。在膜外受蒸发的影响比较大，土壤盐分表聚现象明显，达到了 17g/kg 左右；下层土壤含盐量增加得不明显，在 10～12g/kg 波动，膜外土壤持续积盐。

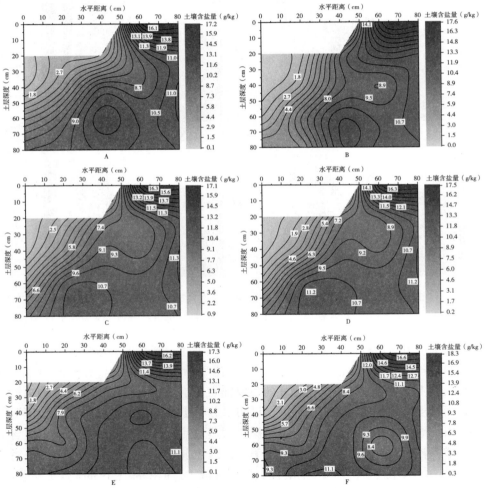

图 4-12　C1、C2、C3 处理下灌前灌后土壤含盐量等值线图（果粒膨大期）

A. C1-灌前　B. C1-灌后　C. C2-灌前　D. C2-灌后　E. C3-灌前　F. C3-灌后

三、葡萄果粒成熟期不同开沟模式下土壤盐分分布特点

葡萄果粒成熟期不同灌水处理下土壤含盐量等值线图见图4-13。这个时期沟内地膜被去除以促进果粒成熟，与葡萄前两个时期相比，各土层除表层外土壤含盐量分布的特点基本一致。在灌前，由于气候干旱，蒸发强烈，表层土壤出现积盐的现象，与20～40cm深度范围相比，土壤含盐量明显增大，但小于垄沟外的土壤含盐量，基本在2～10g/kg，且越靠近滴头土壤含盐量越小。

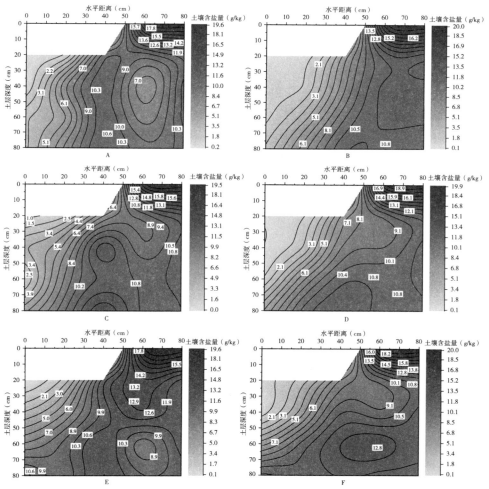

图4-13　C1、C2、C3处理下灌前灌后土壤含盐量等值线图（果粒成熟期）
A. C1-灌前　B. C1-灌后　C. C2-灌前　D. C2-灌后　E. C3-灌前　F. C3-灌后

灌水后，随着灌水定额的减少，膜内各取样点40～80cm深度范围内土壤

含盐量增加的幅度较大，而膜边和膜外各土层土壤含盐量增加得不明显。在开花期，与高灌水定额处理相比，中灌水定额、低灌水定额处理土壤含盐量在树干主体下分别平均提高了 17.89％、26.26％，距树干主体 20cm 处分别平均提高了 10.88％、14.65％，距树干主体 40cm 处分别平均提高了 1.78％、2.01％。在果粒膨大期，与高灌水定额处理相比，中灌水定额，低灌水定额处理土壤含盐量在树干主体下分别平均提高了 35.80％、47.10％，距树干主体 20cm 处分别平均提高了 23.99％、31.37％，距树干主体 40cm 处分别平均提高了 5.37％、4.68％。在果粒成熟期，与高灌水定额处理相比，中灌水定额、低灌水定额处理土壤含盐量在树干主体下分别平均提高了 56.41％、62.41％；距树干主体 20cm 处分别平均提高了 39.36％、45.64％；距树干主体 40cm 处分别平均增加了 12.41％、9.61％。由以上数据分析可知，灌水定额的变化对膜内 40～80cm 深度范围内土壤含盐量影响显著，且随着葡萄的生长，灌水量对40～80cm 深度范围内土壤含盐量的影响越来越大。

第五节　不同开沟模式对土壤盐分空间分布影响

本文设计 20×100cm 和 20×80cm（沟深×沟宽）的两种种植模式，研究在两种开沟模式下土壤盐分运移和分布情况。以 100cm 开沟宽度处理与 80cm 开沟宽度处理的结果作对比，分析葡萄三个生育阶段灌水前后土壤含盐量变化规律。

一、葡萄开花期不同开沟模式下土壤盐分分布特点

葡萄开花期不同开沟模式下灌水前后土壤含盐量等值线图见图 4－14。与 100cm 开沟宽度处理相比，80cm 开沟宽度灌水后土壤盐分淋洗深度超过了 80cm，上层土壤横向脱盐范围达到 45cm，100cm 开沟宽度处理的淋洗深度不到 80cm，宽度也小于 80cm 开沟宽度处理。与 100cm 开沟宽度处理相比较，80cm 开沟宽度处理由于垄沟的宽度变小，使膜边的位置更加靠近滴头，垄沟阻碍了部分灌溉水横向运移，增加了纵向运移，加上试验区蒸发强烈，使得膜外土壤积

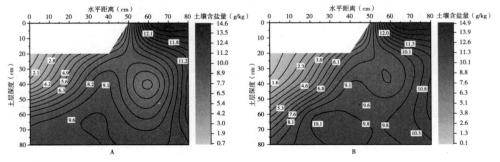

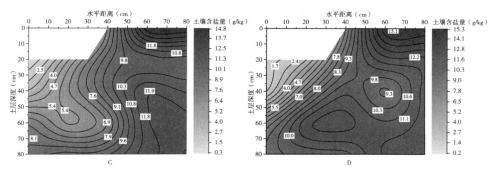

图 4 - 14　C1、C4 处理下灌前灌后土壤含盐量等值线图（开花期）
A. C1-灌前　B. C1-灌后　C. C4-灌前　D. C4-灌后

盐的效果更加明显，80cm 开沟宽度处理膜外土壤含盐量由 9～15g/kg 增加到了
10～16g/kg。

二、葡萄果粒膨大期不同开沟模式下土壤盐分分布特点

果粒膨大期不同开沟模式下灌水前后土壤含盐量等值线图见图 4 - 15，果
粒膨大期土壤含盐量与葡萄开花期土壤含盐量变化规律较为一致。经过前一个
生育阶段淋洗作用，膜内土壤含盐量基本降到了 3g/kg 以下，低盐区域进一

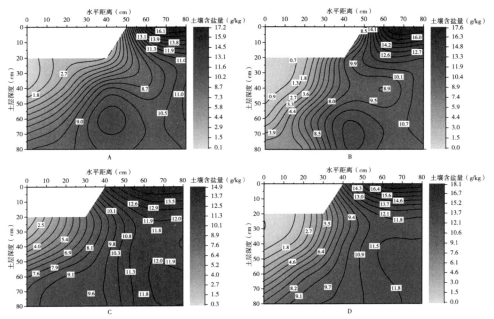

图 4 - 15　C1、C4 处理下灌前灌后土壤含盐量等值线图（果粒膨大期）
A. C1-灌前　B. C1-灌后　C. C4-灌前　D. C4-灌后

步扩大，100cm 开沟宽度处理膜外土壤含盐量增加到 10～17g/kg，80cm 开沟宽度处理膜外土壤含盐量增幅更大，达到了 15～18g/kg。

三、葡萄果粒成熟期不同开沟模式下土壤盐分分布特点

葡萄果粒成熟期不同开沟模式下灌水前后土壤含盐量等值线图见图 4-16。果粒成熟期土壤含盐量与葡萄前两个生育阶段土壤含盐量变化规律较为一致。葡萄果粒成熟期处于需水高峰后期，田间灌水基本完成，经过前两个生育阶段淋洗，膜内土壤表层含盐量显著降低，基本低于 2g/kg；膜外表层含盐量有所增加，100cm 开沟宽度处理土壤含盐量介于 15～20g/kg，80cm 开沟宽度处理土壤含盐量达到 15～20.7g/kg。

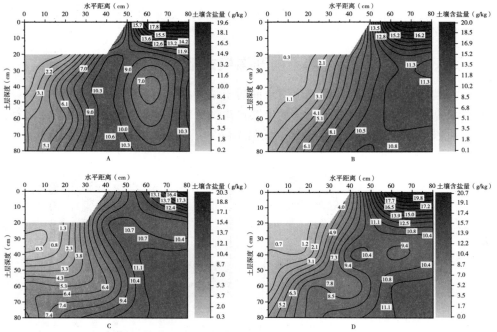

图 4-16 C1、C4 处理下灌前灌后土壤含盐量等值线图（果粒成熟期）
A. C1-灌前 B. C1-灌后 C. C4-灌前 D. C4-灌后

从葡萄生育期盐分动态变化可以看出，膜内土壤持续脱盐，经过三次滴灌淋洗土壤含盐量可以下降到 4g/kg 以下，膜边土壤含盐量持续表聚，实现了水盐调控。同时，由于开沟种植模式是将葡萄根系整体下移 20cm，膜外 0～20cm 土层土壤含盐量聚集，理论上也不对根系造成危害。两种开沟模式相比，在膜内垂直方向 20～60cm 土壤含盐量随深度变化有升有降，差别不大，灌后两种开沟模式下含盐量基本都分别在 0.1～1g/kg 与 0～2g/kg 波动，属于中低度

盐化区域。距树干主体 40cm 处，土壤含盐量基本在 10g/kg 以内。覆膜能够显著抑制膜内土壤表面蒸发，导致膜外土壤水分蒸发加剧，是膜外盐分累积的主要原因。开沟宽度小，使土壤盐分淋洗得更深，开沟宽度大，使土壤盐分横向运移更远，均有利于葡萄根系生长，从水盐调控角度来看，沟宽为 80cm 是有利于葡萄种植。

第六节　滴灌葡萄灌水均匀度评价

滴灌系统设计和评价的一个重要指标是灌水均匀度，目前流量偏差率、流量变差系数和凯勒均匀系数等是定量描述灌水均匀度的常用指标，以上指标均为针对灌水器的制造偏差分析末级灌水器的流量偏差。本研究对一个灌水点的灌水结果进行灌水均匀度评价，为分析水分空间、盐分分布的影响提供基础性指标，选择在 6 月 19 日果实膨大期灌水后土壤水分分布指标来评价灌水均匀度。

一、不同灌水定额土壤含水量分布规律

研究取 2016 年 6 月 19 日灌水后的土壤水分分布为评价对象，灌水定额分别为 40m³/亩、35m³/亩、30m³/亩，取样测得两种开沟模式各取样点的土壤平均含水量、土壤含水量变化来评价灌水均匀度。葡萄滴灌为双线源滴灌技术，影响滴灌均匀性的因素主要有水力偏差、制造偏差、灌水器堵塞、田面微地形、毛管入口压力、毛管铺设长度、毛管铺设坡度等，采用一个土壤单元体评价，评价灌水均匀度主要是从灌水结果考量水分在土壤中的分布均匀程度。

各取样点的平均含水量见图 4-17，图中 2、5、8 取样点的土壤含水量较大，超过了田间持水量。2、5、8 取样点处于两滴灌带中间，水流优先交汇，

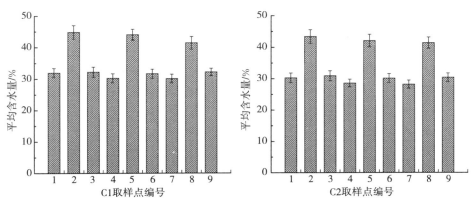

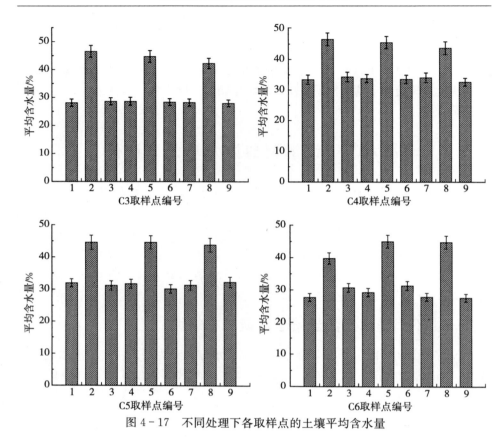

图 4 - 17　不同处理下各取样点的土壤平均含水量

其余各取样点处于滴灌带外部，土壤含水量在 28%～34%。滴灌是局部灌溉，湿润体是一个 U 形条带，湿润体的外边缘是滴灌水分入渗后依靠土壤基质势土壤水分重分布，而不是灌溉形成的径流。因此，中间土壤含水量经过 24h 后迅速接近田间持水量，滴灌带两旁土壤通过毛管作用水分也快速增加，但是达不到田间持水量水平。

二、不同灌水定额对灌水均匀度影响

两种开沟种植模式在不同灌水定额处理下的灌水均匀度见图 4 - 18。当灌水量一定时，沟宽为 80cm 时的灌水均匀度比沟宽为 100cm 时的灌水均匀度高；当开沟模式一定时，灌水量大的灌水均匀度更高。试验处理中由于覆膜抑制蒸发，垄沟聚拢水分，所以开沟宽度为 80cm 时，土壤表层水分扩散路径短，灌水均匀度较高。在评价灌水均匀度时评价宽度为覆膜和沟宽的边缘，因此宽度并不完全一致，在滴灌工程设计中，应该评价湿润比区域的土体范围。但是在本研究中需要评价此项灌溉方式的均匀程度，湿润比的设计还要参照葡萄的根系分布情况，因此是一个互相促进并达到合理区间的过程，并且灌水均匀度评价可以为数值模拟结果做参考。

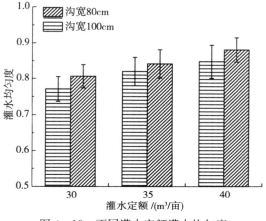

图 4 - 18　不同灌水定额灌水均匀度

三、开沟模式和灌水定额对灌水均匀度综合影响

葡萄滴灌中，滴灌带的布置、供水压力、滴灌带等水力参数的选择都是按设计标准选定的，土壤条件在一定区域内也是固定不变，研究灌水均匀度时考虑灌水量和开沟模式的影响，灌水量和开沟模式对灌水均匀度的影响见图 4 - 19。

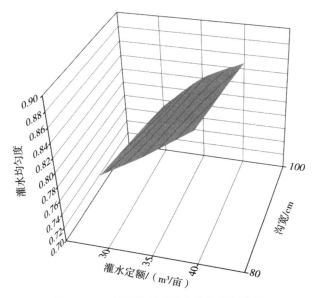

图 4 - 19　不同处理下灌水均匀度评价图

图 4-19 明显表现出灌水均匀度呈现斜坡形，灌水量越大，沟宽较小的灌水均匀度越好，沟宽较大的灌水均匀度越差。其原因是滴灌为点源入渗的局部灌溉技术，与沟灌和漫灌不同，无法形成地表径流。沟灌和漫灌水分入渗符合Green-Ampt 活塞模型，而滴灌则是局部灌溉，主要受上层土壤含水量和下层土壤吸力的影响，即土水势。根据分形多孔介质溶质运移理论，土水势与土壤空隙的迂曲度有关，受到土壤颗粒级配以及土壤最大颗粒与最小颗粒直径的比值的影响。

此种利用灌水结果来评价土壤水分分布均匀度的办法，可以立体评价土壤水分空间分布的均匀性，结合溶质运移和根系的空间分布，为数值模拟提供一定研究参考。

第七节　滴灌葡萄水盐运移数值模拟

随着计算机技术的迅速发展，数值模型已成为各个研究领域的重要手段。为了深入探索开沟覆膜滴灌条件下葡萄的水盐运移规律，利用 HYDRUS-2D 数值模型对水盐运动进行模拟，进一步分析开沟覆膜滴灌对土壤盐分的综合调控作用。

一、HYDRUS 模型介绍

HYDRUS 模型软件是模拟多孔介质下的水、热、溶质二维和三维运动的有限元计算模型。模型以 Richards 方程、热传递方程、溶质运移的对流弥散方程为基础，模拟多孔介质下的水、热和溶质运动，通常有二维和三维运动的有限元计算模型。该模型互动的图形界面，可进行数据前处理、结构化和非结构化的有限元网格生成以及结果的图形展示，是目前应用较多、评价较好的模型之一。

二、模拟内容

本试验模拟开沟覆膜滴灌栽培弗雷无核葡萄，研究在不同开沟模式和不同灌水量下的水盐运移规律。根据葡萄生育期实际的灌溉制度，去掉最后灌溉的葡萄越冬水，模型中共设 7 次灌水，灌水定额为 $25\sim40\mathrm{m}^3/$ 亩。试验采用正交组合设计，设置两种开沟模式、三个灌水梯度，灌水具体实施见表 4-7。为了使数值模型运行更加顺畅，将实验区以沟间的中线为边界划分为 6 个典型单元，根据表 4-7 中的不同处理分别进行模拟。

表 4 - 7 数值模拟采用的灌溉制度

单位：m³/亩

处理	灌水定额						
	5/8	5/22	6/5	6/19	7/3	7/17	7/28
C1、C4	45	35	35	40	40	40	40
C2、C5	40	30	30	35	35	35	35
C3、C6	35	25	25	30	30	30	30

三、模型的基本方程

1. 土壤水分运动方程

$$\frac{\partial \theta(h)}{\partial t} = \frac{\partial}{\partial x}\left[K(h)\frac{\partial h}{\partial x}\right] + \frac{\partial}{\partial z}\left[K(h)\frac{\partial h}{\partial z}\right] + \frac{\partial K(h)}{\partial z} - S \qquad (4-6)$$

式中：$\theta(h)$ ——土壤体积含水量，cm³/cm³；

$\quad$ h——负压水头，cm；

$\quad$ $K(h)$ ——非饱和土壤导水率，cm/d；

$\quad$ t——时间，x 为横向坐标，z 为垂向坐标，规定 z 向上为正；

$\quad$ S——源汇项，此处表示根系吸水率，即根系在单位时间内由单位体积土壤中所吸收水分体积，d⁻¹。

2. 土壤水力参数 van Genuchten 模型

$$\theta_e = \frac{\theta(h) - \theta_r}{\theta_s - \theta_r} = (1 + |\alpha h|^n)^{-m} \qquad (4-7)$$

$$K(\theta) = K_s \theta_e^l \left[1 - \left(1 - \theta_e^{\frac{1}{m}}\right)^m\right]^2 \qquad (4-8)$$

式中：K_s——土壤饱和导水率，cm/d；

$\quad$ θ_e——土壤相对饱和度，cm³/cm³；

$\quad$ θ_r——土壤残余体积含水量，cm³/cm³；

$\quad$ θ_s——土壤饱和体积含水量，cm³/cm³；

$\quad$ $\theta(h)$ ——土壤体积含水量，cm³/cm³；

$\quad$ h——负压水头，cm；

$\quad$ $K(\theta)$ ——土壤非饱和导水率，cm/d；

$\quad$ n、m、α——α、n 为土壤水分特征曲线拟合的经验参数，其中 $m = 5 - 1/n$；

$\quad$ l——孔隙连通性参数，通常取平均值 0.5。

3. 模型的盐分运移基本方程

$$\frac{\partial(\theta c)}{\partial t} = \frac{\partial}{\partial x_i}\left(\theta D_{ij}\frac{\partial c}{\partial x_i}\right) - \frac{\partial(q_i c)}{\partial x_i} - SC_s \qquad (4-9)$$

式中：c——溶质浓度，g/cm^3；

　　　q_i——入渗率，cm/d；

　　　D_{ij}——弥散系数，cm^2/d；

　　　x_i——空间坐标（$i=1$，2），$x_1=x$，$x_2=z$，$D_{11}=D_{xx}$，$D_{12}=D_{xz}$；

　　　C_s——汇项盐分含量，g/L。

4. 根系吸水模型

$$S(h, h_\varphi, x, z) = \alpha(h, h_\varphi, x, z)b(x, z)S_t T_p \qquad （4-10）$$

式中：$\alpha(h, h_\varphi, x, z)$——土壤水盐胁迫函数；

　　　h_φ——渗透压力，cm；

　　　$b(x, z)$——根系分布函数，cm^{-2}；

　　　S_t——与蒸腾关联的地表长度，cm；

　　　T_p——潜在蒸发速率，cm/d。

四、初始条件和边界条件

1. 初始条件

初始条件对于数值模型的水盐运移结果影响大，设置如下：

$$\theta(x, z, 0) = \theta_0(x, z), 0 \leqslant x \leqslant X, 0 \leqslant h \leqslant H \qquad （4-11）$$

$$c(x, z, 0) = c_0(x, z), 0 \leqslant x \leqslant X, 0 \leqslant h \leqslant H \qquad （4-12）$$

式中：θ_0——0 时刻的土壤初始含水量，cm^3/cm^3；

　　　c_0——0 时刻的土壤初始含盐量，g/cm^3。

2. 水分边界条件

将试验区划分为 6 个典型单元，典型单元两侧以沟间的中线为左右边界。由于大田中沟内为覆膜区（除葡萄主根处 10cm 外），所以水分模型上边界沟内概化为零通量边界，滴头处设为可变流量 1 边界，根据实际的灌溉制度输入相应的灌水量，其他区域概化为大气边界，根据试验期实测的降水量、潜在蒸发量和潜在蒸腾量进行赋值。试验区地下水位在 3.5m 以下，故不需要考虑地下水位的影响，下边界设为自由排水边界。如图 4-20 所示，方形代表大气边界，星形代表零通量边界，圆形代表可变流量 1，三角形代表自由排水边界。

可变流量 1 边界条件：

$$-K(h)\left(\frac{\partial h}{\partial z} + 1\right) = q_d(t) \qquad （4-13）$$

大气边界条件：

$$-K(h)\left(\frac{\partial h}{\partial z} + 1\right) = q_a(t) \qquad （4-14）$$

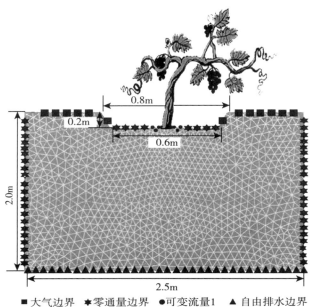

■ 大气边界 ★ 零通量边界 ● 可变流量1 ▲ 自由排水边界

图 4-20 水分边界条件示意

下边界条件：

$$\frac{\partial h}{\partial z} = 0 \qquad (4-15)$$

$$q(n) = -width(n)k(h) \qquad (4-16)$$

左右边界条件：

$$\frac{\partial h}{\partial x} = 0 \qquad (4-17)$$

式中：$q_d(t)$ ——可变流量 1 的水分通量，cm/d；

$q_a(t)$ ——大气边界的水分通量，cm/d；

$q(n)$ ——节点底部通量；

$width(n)$ ——边界节点控制宽度，cm。

3. 盐分边界条件

由于试验区降水量很小，可忽略不计，将降水含盐量设为 0，并将灌溉水的实际含盐量赋予模型当中。下边界不受地下水的影响，通量概化为 0。

可变流量 1 边界条件：

$$-\theta\left(D_{xz}\frac{\partial c}{\partial x} + D_{zz}\frac{\partial c}{\partial z}\right) + q_d c = q_d c_d(t) \qquad (4-18)$$

大气边界条件：

$$-\theta\left(D_{xz}\frac{\partial c}{\partial x}+D_{zz}\frac{\partial c}{\partial z}\right)+q_{a}c=0 \qquad (4-19)$$

下边界条件：

$$\frac{\partial c}{\partial z}=0 \qquad (4-20)$$

左右边界条件：

$$\frac{\partial c}{\partial x}=0 \qquad (4-21)$$

式中：D_{xz}、D_{zz}——空间坐标的弥散系数，cm^2/d；

c——土壤溶质浓度，g/cm^3；

c_d——灌溉水浓度，g/cm^3。

五、数值模拟参数率定

1. 时空离散

模拟的初始值采用第一次灌水前（5月7日）所测土层的土壤含水量和含盐量。将试验区简化为二维模型进行数值模拟，先把模拟区域设定为一个高（垂直方向）200cm、长（水平方向）310cm的矩形区域，然后根据不同的开沟模式进行具体设置。根据表4-6中的不同处理，共设置6个模型，分别模拟0~200cm深度范围土壤水分和盐分变化特征。分别在灌水前和灌水后2d进行取样，取样点设在膜中和膜边，取样深度为100cm。模拟时间共计115d，采用变时间步长剖分方式，根据收敛迭代次数调整时间步长。设定初始时间步长为0.001d，最小步长为0.0001d，最大步长为0.5d；最大迭代次数为10次，土壤含水量容许偏差为0.1%，压力水头容许偏差为1cm。

2. 水分特征参数

根据实测土壤水分运动参数结果，给出土壤的水力特征参数初值，盐分运移参数初值根据前人研究确定[42]。通过调整各个参数初值直至运行结果与实测数据尽可能吻合，进而得到模型的最终参数，表4-8和表4-9分别给出了调整后的土壤水力参数和溶质运移参数。

表4-8 土壤水力参数

土层/cm	土质	θ_r/(cm^3/cm^3)	θ_s/(cm^3/cm^3)	α/cm^{-1}	n	K_s/(cm/d)	l
0~50	砂壤土	0.065	0.44	0.075	1.68	30	0.5
50~200	砂壤土	0.065	0.48	0.075	1.56	25	0.5

注：θ_r为土壤残余体积含水量；θ_s为土壤饱和体积含水量；K_s为土壤饱和导水率；α、n为土壤水分特征曲线拟合参数；l为孔隙连通性参数。

表 4 - 9　溶质运移参数

土质	$Disp. L/(cm^2/d)$	$Disp. T/(cm^2/d)$
砂壤土	5	0.5

注：表中 $Disp. L$ 为纵向弥散系数，$Disp. T$ 为横向弥散系数。

3. 根系吸水参数

由于试验区种植葡萄树龄为 11 年，根系生长已成熟，则根系分布范围恒定，根系最深在 65cm，根据实测根系密度将模拟区根系分布概化为按梯度分布。利用 Feddes 模型计算土壤水分胁迫对根系吸水速率的影响，根系吸水参数在软件数据库中选定，见表 4 - 10。

表 4 - 10　根系吸水参数

P0/Pa	P0pt/Pa	P2H/Pa	P2L/Pa	P3/Pa
—10	—25	—1 000	—1 000	—8 000

注：P0 为根系开始吸水时的压力水头值；P0pt 为根系以最大速率吸水时的压力水头值；P2H 为根系吸水的极限压力水头值，低于该值时吸水速率将小于最大吸水速率（假设潜在蒸腾速率为 r2H）；P2L 与 P2H 含义相同，但假设潜在蒸腾速率为 r2L；P3 为最低压力水头值，低于最低压力水头值根系停止吸水。

六、模型验证与结果分析

1. 水盐动态变化

利用 HYDRUS 模型模拟葡萄一个生育周期的水盐动态变化，灌水第一天滴头附近土壤含水量迅速增大，由于土水势的原因，灌溉水进行垂直入渗和水平入渗，停止灌水后由于蒸发和根系吸水，土壤根系层的水分在逐渐减少。根据"盐随水来，盐随水走"原理，土壤含盐量的变化与灌水紧密相关。灌水后，根系层土壤的盐分被淋洗至湿润锋以外，停止灌水后，由于蒸发和根系吸水原因，盐分有向上移动趋势。但从整个生育期来看，按照表 4 - 6 所示的灌溉制度，盐分主要聚集在根系层以下土壤，可以为葡萄根系提供良好的生长环境。

2. 模型验证

模拟值和实测值的吻合程度采用相关系数（R^2）和均方根误差（RMSE）指标进行评价，计算公式如下：

$$RMSE = \sqrt{\frac{1}{N}\sum_{i=1}^{N}(S_i - M_i)^2} \qquad (4-22)$$

式中：S_i——模拟值；

　　　M_i——实测值；

　　　N——数值比较值，无量纲。

根据构建的数值模型，输入土壤水力特性参数，同时设置时间、空间离散化处理参数后，运行计算，结果见表 4 - 11 至表 4 - 14，并进行模型可靠性验证分析。比较不同开沟模式和不同灌水模式下各土层土壤含水量和含盐量的实测值和模拟值，两者差异较小且总体变化趋势一致。实测值与模拟值关于土壤含水量和含盐量的均方根误差和相关系数结果表明二者具有较好的一致性，从图中可以看出，水分变化尽管在某些观测点上存在一定的误差，但总体相符。

表 4 - 11　实测值与模拟值关于土壤含水量的 *RMSE*

C1	C2	C3	C4	C5	C6
0.005 5	0.002 6	0.002 5	0.006 4	0.006 2	0.008 6

表 4 - 12　实测值与模拟值关于土壤含水量的 R^2

C1	C2	C3	C4	C5	C6
0.858 4	0.890 7	0.880 5	0.887 1	0.913 2	0.926 6

表 4 - 13　实测值与模拟值关于土壤含盐量的 *RMSE*

C1	C2	C3	C4	C5	C6
0.506 6	0.476 2	0.490 4	0.521 1	0.554 2	0.506 0

表 4 - 14　实测值与模拟值关于土壤含盐量的 R^2

C1	C2	C3	C4	C5	C6
0.886 2	0.894 6	0.893 6	0.886 7	0.912 1	0.905 4

3. 模拟值水分变化分析

每次灌水后，膜中和膜边下各土层土壤的含水量都有不同程度增大，见图 4 - 21。随后由于蒸发、根系吸水以及重力等因素的影响，各土层的土壤含水

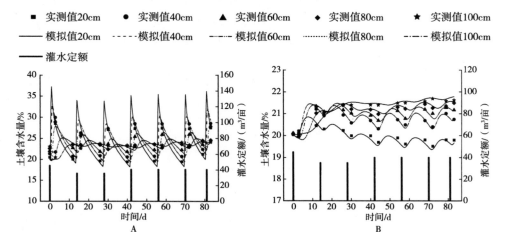

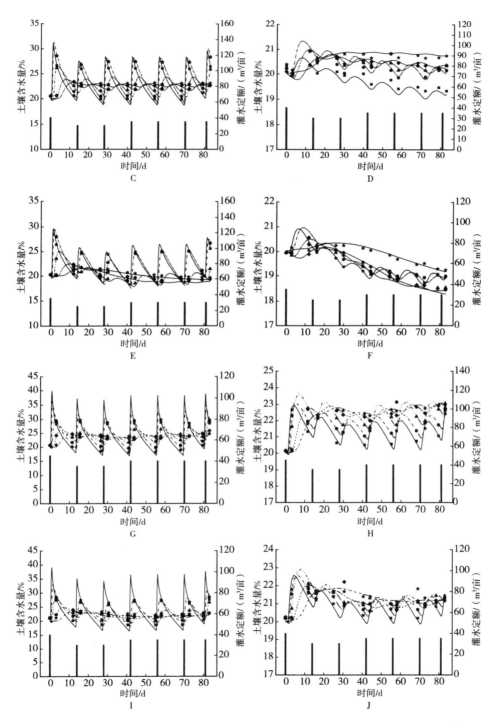

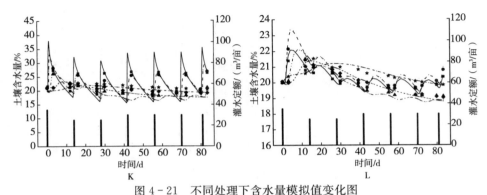

图 4-21　不同处理下含水量模拟值变化图

A. C1 膜中　B. C1 膜边　C. C2 膜中　D. C2 膜边　E. C3 膜中　F. C3 膜边
G. C4 膜中　H. C4 膜边　I. C5 膜中　J. C5 膜边　K. C6 膜中　L. C6 膜边

注：图中，折线图为土壤含水量模拟值，点图为土壤含水量实测值，柱状图为灌水定额。

量快速降低。膜中与膜边相比，滴头下方各土层土壤的含水量变化幅度更大，说明根系吸收强度大。由于灌水原因，随着时间延长，滴头下方各土层土壤的含水量呈先增大后减小的规律性变化，但是膜边下各土层土壤的含水量总体上呈逐渐减小趋势。灌水器处于膜下，水在土壤中的运动主要受基质势、重力势影响，滴头下方的土壤接触水分时间长，土壤饱和度高。各土层受灌水的影响有所不同，土层深度越深，水分入渗路径长，根系分布少，土壤水分变化不明显。

4. 模拟值盐分变化分析

各处理下 0～100cm 土层深度内盐分运移变化见图 4-22。膜中 20～40cm 土层的土壤盐分变化呈局部先增加后减少，整体呈现减少规律性变化；60～80cm 土层的土壤盐分部分呈现整体减少的趋势（如 C1 和 C4 处理），部分呈

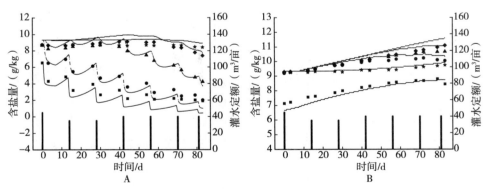

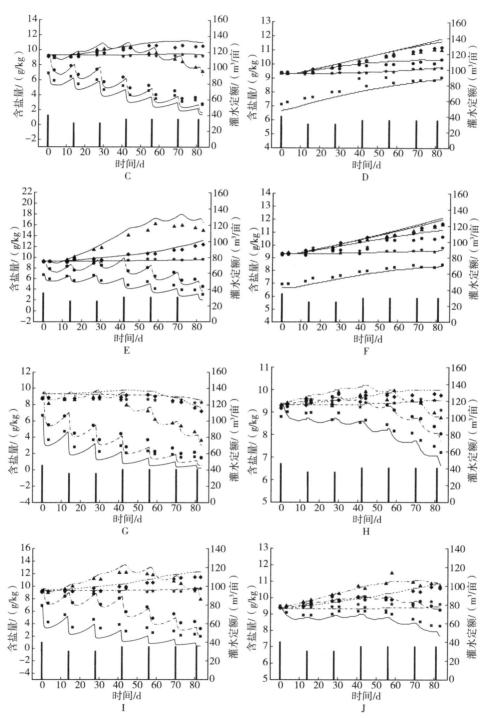

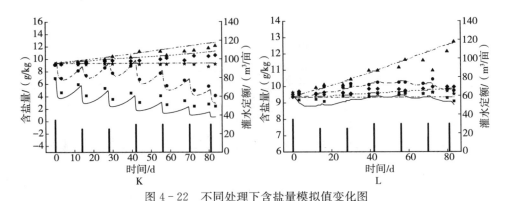

图 4-22　不同处理下含盐量模拟值变化图

A. C1 膜中　B. C1 膜边　C. C2 膜中　D. C2 膜边　E. C3 膜中　F. C3 膜边

G. C4 膜中　H. C4 膜边　I. C5 膜中　J. C5 膜边　K. C6 膜中　L. C6 膜边

注：图中，折线图为土壤含盐量模拟值，点图为土壤含盐量实测值，柱状图为灌水定额。

现积盐的情况（如 C3 和 C6 处理）；80～100cm 土层的土壤盐分则变化不明显。这是由于灌水量的差异，灌水量较大的处理下（如 C1 和 C4 处理），土壤盐分可以被淋洗到 80cm 土层以下，灌水量较小的处理（如 C3 和 C6 处理），土壤盐分被淋洗到 60～80cm 土层内，形成了积盐。

土层越深，受灌溉水影响的程度就越小，所以 100cm 处的土壤盐分变化量不明显。随着时间的延长，C4～C6 处理下，膜边 20～40cm 土层土壤盐分总体上呈逐渐减少的趋势；60～80cm 土层土壤盐分由于受到不同灌水量的影响，总体趋势由减少（C4 处理下）逐渐变成了增加（C6 处理下）；100cm 处土壤盐分变化不明显。C1～C3 处理下，膜边各土层土壤盐分均呈逐渐增加的趋势。这是因为开沟模式的不同影响了灌溉水在土壤中的扩散，根据"盐随水来，盐随水走"的原理，盐分在土壤中的运移也受到了影响。灌水器位于膜内，不同开沟模式对膜中土壤水盐运移影响程度小，而膜边处于沟的边界处，不同开沟模式对膜边土壤水盐运移影响程度大。

通过软件建模，实现了对葡萄生育期水盐动态模拟，显示了葡萄生育期膜内脱盐、膜外盐分表聚的过程，证明了开沟覆膜滴灌葡萄技术可以实现农田水盐调控。

第八节　本章小结

本章主要通过监测不同开沟模式和灌水模式下土壤水盐动态变化，并结合 HYDRUS 软件对土壤水盐数值进行模拟与预测，分析不同开沟模式和灌水量处理下葡萄各生育阶段土壤水盐的变化规律。主要结论及研究成果如下：

一是采用开沟覆膜滴灌的模式种植葡萄，开沟模式和灌水量可以对灌溉水的入渗深度和入渗宽度产生影响。开沟模式一定时，灌水量越大，灌溉水入渗越深；灌水量一定时，垄沟越宽，水分水平运移距离越长。当灌水定额为40m³/亩、开沟宽度为80cm时，土壤水分空间分布比较合理，可以为葡萄根区提供良好的水分条件。

二是开沟可以聚拢水分，覆膜可以抑制蒸发。当开沟模式一定时，灌水量越大，洗盐区域越大，洗盐程度越好，可以形成宽80cm、深60cm的盐分淡化区。灌水量一定时，垄沟越宽，盐分水平运移距离越长，可以形成宽90cm、深50cm的盐分淡化区。

三是开沟宽度和灌水量均影响灌水均匀度。当灌水量一定时，开沟宽度越窄，灌水均匀性越好；当开沟宽度一定时，灌水量越大，灌水均匀性越好。开沟模式对灌水均匀度的影响更显著。

四是利用 HYDRUS 可以较准确地模拟出不同开沟模式和不同灌水定额条件下的土壤水盐运移规律，土壤中含水量变化和含盐量变化的实测值与模拟值吻合度高。模拟结果显示，灌水量对不同土层深度的土壤水盐运移规律影响明显，膜外裸地盐分持续表聚，膜内土壤持续脱盐。

参 考 文 献

［1］陈亚新，魏占民，史海滨，等 . 21 世纪灌溉原理与实践学科前沿关注的问题［J］. 灌溉排水学报，2004（4）：1－5＋15.

［2］李明思，刘洪光，郑旭荣 . 长期膜下滴灌农田土壤盐分时空变化［J］. 农业工程学报，2012，28（22）：82－87.

［3］李毅 . 覆膜条件下土壤水、盐、热耦合迁移试验研究［D］. 西安：西安理工大学，2002.

［4］刘洪光 . 干旱区地下滴灌棉花水肥耦合试验研究［D］. 石河子：石河子大学，2008.

［5］罗宏海，张宏芝，杜明伟，等 . 膜下滴灌下土壤深层水分对棉花根系生理及叶片光合特性的调节效应［J］. 应用生态学报，2009，20（6）：1337－1345.

［6］孟超然，颜林，张书捷，等 . 干旱区长期膜下滴灌农田耕层土壤盐分变化［J］. 土壤学报，2017，54（6）：1386－1394.

［7］陈若男，王全九，杨艳芬 . 新疆砾石地葡萄滴灌带合理设计及布设参数的数值分析［J］. 农业工程学报，2010，26（12）：40－46.

［8］谭孝沅 . 土壤-植物-大气连续体的水分传输［J］. 水利学报，1984（7）：67－69.

［9］Joshua E, Delphine D, Christoph M, et al. Constraints and potentials of future irrigation water availability on agricultural production under climate change［J］. Proceedings of the National Academy of Sciences of the United States of America，2014，111（9）：

3239 - 3244.

[10] 杜太生，康绍忠，闫博远，等. 干旱荒漠绿洲区葡萄根系分区交替灌溉试验研究 [J]. 农业工程学报，2007 (11)：52 - 58.

[11] Aragüés R，Medina E T，Clavería I，et al. Regulated deficit irrigation，soil salinization and soil sodification in a table grape vineyard drip - irrigated with moderately saline waters [J]. Agricultural Water Management，2014，134：84 - 93.

[12] Lou H H，Zhang H Z，Han H Y，et al.. Effects of water storage in deeper soil layers on growth，yield，and water productivity of cotton (*Gossypium Hirsutum* L.) in arid areas of northwestern china [J]. Irrigation and Drainage，2013，63 (1).

[13] Luo H H，Zhang Y L，Zhang W F. Effects of water stress and rewatering on photosynthesis，root activity，and yield of cotton with drip irrigation under mulch [J]. Photosynthetica：International Journal for Photosynthesis Research，2016，54 (1)：65 - 73.

[14] 叶建威，刘洪光，何新林，等. 土槽模拟开沟覆膜滴灌技术下盐分调控规律 [J]. 节水灌溉，2016 (10)：28 - 33.

[15] 李慧，虎胆·吐马尔白，杨鹏年，等. 南疆膜下滴灌不同盐分棉田水盐运移规律研究 [J]. 节水灌溉，2014 (7)：4 - 6＋9.

[16] 杜太生，康绍忠，夏桂敏，等. 滴灌条件下不同根区交替湿润对葡萄生长和水分利用的影响 [J]. 农业工程学报，2005 (11)：51 - 56.

[17] 王雅琴，刘洪光，徐万里，等. 干旱区膜下滴灌农田不同类型土壤盐分变化分析 [J]. 中国农村水利水电，2017 (2)：26 - 30＋36.

[18] Skaggs T H，Trout T J，Simunek J，et al. Comparison of HYDRUS - 2D simulations of drip irrigation with experimental observations [J]. Journal of Irrigation and Drainage Engineering，2004，130 (4)：304 - 310.

[19] Zheng J，Huang G，Wang J，et al. Effects of water deficits on growth，yield and water productivity of drip - irrigated onion (*Allium cepa* L.) in an arid region of Northwest China [J]. Irrigation Science，2013，31 (5)：995 - 1008.

[20] 李富先，陈林，白安龙，等. 棉花膜下滴灌高产栽培适宜密度试验研究 [J]. 中国棉花，2006 (10)：33 - 34.

[21] 龚萍，刘洪光，何新林. 水肥状况对幼龄葡萄光合特性的影响研究 [J]. 中国农村水利水电，2015 (7)：10 - 15.

[22] 毛娟，陈佰鸿，曹建东，等. 不同滴灌方式对荒漠区'赤霞珠'葡萄根系分布的影响 [J]. 应用生态学报，2013，24 (11)：3084 - 3090.

[23] Abdou H M，Flury M. Simulation of water flow and solute transport in free - drainage lysimeters and field soils with heterogeneous structures [J]. European Journal of Soil Science，2004，55 (2)：229 - 241.

[24] Kaledhonkar M J，Keshari A K. Modelling the effects of saline water use in agriculture [J]. Irrigation and Drainage，2006，55 (2)：177 - 190.

[25] Guan H J，Li J S，Li Y F. Effects of drip system uniformity and irrigation amount on water and salt distributions in soil under arid conditions [J]. Journal of Integrative Agriculture，2013，12（5）：924-939.

[26] Chen L J，Feng Q，Li F R，et al. A bidirectional model for simulating soil water flow and salt transport under mulched drip irrigation with saline water [J]. Agricultural Water Management，2014，146（24-33）：24-33.

[27] Li X，Simunek J，Shi H，et al. Spatial distribution of soil water，soil temperature，and plant roots in a drip-irrigated intercropping field with plastic mulch [J]. European Journal of Agronomy，2017，83：47-56.

[28] Silber A，Israeli Y，Elingold I，et al. Irrigation with desalinated water：A step toward increasing water saving and crop yields [J]. Water Resources Research，2015，51（1）：450-464.

[29] 秦文豹，李明思，李玉芳，等. 滴灌条件下暗管滤层结构对排水、排盐效果的影响 [J]. 灌溉排水学报，2017，36（7）：80-85.

[30] 齐智娟. 河套灌区盐碱地玉米膜下滴灌土壤水盐热运移规律及模拟研究 [D]. 杨凌：中国科学院教育部水土保持与生态环境研究中心，2016.

[31] 朱海清. 北疆膜下滴灌棉田土壤水盐运移规律研究 [D]. 乌鲁木齐：新疆农业大学，2016.

[32] 苏学德，李铭，郭绍杰，等. 干旱区葡萄滴灌戈壁土壤水盐运移特征研究 [J]. 北方园艺，2014（19）：168-171.

[33] Letey J，Feng G L. Dynamic versus steady-state approaches to evaluate irrigation management of saline waters [J]. Agricultural Water Management，2007，91（1-3）：1-10.

[34] 单鱼洋. 干旱区膜下滴灌水盐运移规律模拟及预测研究 [D]. 杨凌：中国科学院研究生院教育部水土保持与生态环境研究中心，2012.

[35] 虎胆·吐马尔白，吴争光，苏里坦等. 棉花膜下滴灌土壤水盐运移规律数值模拟 [J]. 土壤，2012，44（4）：665-670.

[36] Goncalves M C，Simunek J，Ramos T B，et al. Multicomponent solute transport in soil lysimeters irrigated with waters of different quality [J]. Water Resources Research，2006，42（8）.

[37] Hanson B R，Simunek J，Hopmans J W. Evaluation of urea-ammonium-nitrate fertigation with drip irrigation using numerical modeling [J]. Agricultural Water Management，2006，86（1-2）：102-113.

[38] Roberts T，Lazarovitch N，Warrick A W，et al. Warrick. Modeling salt accumulation with subsurface drip irrigation using HYDRUS-2D [J]. Soil Science Society of America Journal，2009，73（1）：233-240.

[39] Letey J，Hoffman G J，Hopmans J W，et al. Evaluation of soil salinity leaching requirement guidelines [J]. Agricultural Water Management，2011，98（4）：502-506.

[40] Ramos T B，Simunek J，Goncalves M C，et al. Two‐dimensional modeling of water and nitrogen fate from sweet sorghum irrigated with fresh and blended saline waters [J]. Agricultural Water Management，2012，111：87‐104.

[41] Filipovic V，Romic D，Romic M，et al. Plastic mulch and nitrogen fertigation in growing vegetables modify soil temperature，water and nitrate dynamics：Experimental results and a modeling study [J]. Agricultural Water Management，2016，176：100‐110.

[42] 罗朋. 盐碱土中不同灌水方式的水盐运移规律试验研究 [D]. 杨凌：西北农林科技大学，2008.

第五章
盐碱地滴灌葡萄根系生长变化规律

葡萄根系是营养库，葡萄萌芽生长直至开花坐果，其营养来源大部分依靠前一年树体内的贮藏营养[1-3]。葡萄的骨干根（即根干和主、侧根）是主要的贮藏营养场所，占树体全部贮藏营养的70%～85%，贮藏的营养物质有淀粉、蛋白质和脂肪等[4-6]。随着地上部新梢生长量的不断增长，根系贮藏的营养逐渐减少，而新梢叶片制造的有机营养（碳水化合物）则逐渐增加，一直到开花期前后，贮藏营养用完，开始转入依靠叶片制造的营养来维持葡萄植株的所有生命活动[7-11]。叶片通过根系从土壤中吸收利用水分和无机养分，吸收转化大气中二氧化碳，制造有机营养物质，除满足枝、叶、花、果生长所需营养外，剩余的营养大部分又回流到根系贮藏起来。葡萄的幼根，利用它的吸收区细胞渗透压力差所产生的势能，将周围土壤水分及溶解于其中的无机盐类源源不断地吸收到根内，供给地上部叶片进行光合作用及满足其他生命活动之所需[12-15]。

作物水分和养分吸收主要来自根系，根数目、总根长、根比表面积、体积、根尖数和生长周期不同将影响作物吸收水分和养分，从而影响作物生长和产量形成[16-20]。而不同灌水量和开沟模式会影响土壤中水分和养分分布，进而影响到根系生长[21-25]。作物根系由于生长于地下，难以直接观测，所以历来是研究的难点，且研究一直滞后于地上部分[26-30]。有许多方法可以监测作物根系生长，如传统的标本取样方法、Minirhizotron（微根管）等非破坏性研究方法。关于作物根系形态、生理等方面的大量研究均表明，精细监测作物生长过程中根系的动态变化已成为一种趋势[31-35]。微根管法是一种基于不破坏根系、定位分层准确、能在野外原位连续监测的细根生长动态研究方法，具有根系生长动态可视、易于运用图像处理技术、获得量化信息等优点[36-40]。

本试验中采用微根管法观测葡萄生育期根系的生长过程，分析两种开沟模式（即开沟深度×宽度分别为20cm×100cm和20cm×80cm）和三种灌水量（分别为375m³/亩、340m³/亩和305m³/亩）对根系各生长动态指标（总根长、总投影面积、总比表面积、平均直径和总体积）的影响，采用方差分析比较不同开沟模式和不同灌水量下根系各指标的差异显著性，结合 EM50 所测数据分析葡萄根系生长动态与土壤水盐变化之间的相关性，从而分析不同开沟模式和不同灌水量对土壤水盐数值模拟与预测、葡萄根系发育规律的影响，探求盐碱土滴灌葡萄适宜的开沟模式和灌水量，以期为系统制定盐碱地上开沟覆膜滴灌葡萄灌溉制度提供理论依据。

第一节　试验材料与方法

一、试验地基本情况

试验地位于玛纳斯河流域中下游、天山北麓中段、准噶尔盆地南缘，地理坐标位置 $86°00'E \sim 86°15'E$，$44°22'N \sim 44°50'N$，试验地位置概况详见第二章第二节的试验区基本情况；试验地的土壤质地为砂壤土，详见表 4-1；试验地的地下水埋深大于 3.5m；试验地属于温带大陆性气候，日照时间长，积温较高，霜期短，热量丰富，昼夜温差大，年降水量 106.1~178.3mm，年潜在蒸发量 1 722.5~2 260.5mm，详见表 4-3 和表 4-4。

二、试验设计与处理

研究内容包含不同开沟模式及灌水处理下的葡萄根系发育规律。2016 年，利用不同的开沟模式与灌水组合研究土壤水盐数值模拟与预测，分析开沟覆膜滴灌模式盐渍化农田葡萄根系生长变化规律；2017 年利用 ^{15}N 同位素示踪技术，探索氮素在土壤与葡萄中运动与转化关系及水肥耦合作用对葡萄生理变化的影响。

试验设计采用三种灌溉定额分别为 375m³/亩、340m³/亩、305m³/亩，开沟模式为 20cm×100cm 和 20cm×80cm（沟深×沟宽）两种，种植模式见图 4-3。采用开沟滴灌覆膜种植模式，主要考虑灌水后水向地势低洼处的作物根区汇集，覆膜可以抑制水分的蒸发、增温、保墒，滴灌后水从地膜以外裸露地面蒸发，将膜下的盐分带到膜外，保证葡萄的正常生长。试验采用单翼迷宫式滴灌带，滴头流量为 3.2L/h。试验小区首部安装球阀和水表控制灌水定额。试验采用正交设计，随机布置试验小区。试验小区布置见图4-3，灌溉制度见表 4-6。

三、测试指标及方法

1. 土壤水盐测定

土壤水盐数据人工采集：除自动采集试验数据以外，利用土钻取样测得土壤含水量和含盐量。在葡萄开花期、坐果期、果粒膨大期、果粒成熟期与采收期 5 个生育阶段内分别对灌前、灌后土壤取样。取土位置为：水平方向上，滴头正下方距滴头 20cm、40cm、60cm、80cm 处；垂直方向上，分 4 个土层取样，分别为 0～20cm、20～40cm、40～60cm、60～80cm。土壤含水量（质量含水量）采用烘干法测定，土壤含盐量采用烘干残渣法和土壤电导率结合测算标定，测试方法及公式可详见第四章第一节指标测定及方法，本章不再赘述。

2. 葡萄根系测定

根系监测：按沟宽度等间距埋设 5 根监测根管，埋设后夯实土壤，根管上端裸露部分用黑色塑料袋包裹，如图 5-1 所示。本试验采用 CI-600 植物根系生长监测系统（上海泽泉科技股份有限公司生产），在春季开墩后，埋设根管（CI-600 植物根系生长监测系统），根管埋设方式为两棵葡萄树间距中点位置，对葡萄生育期内根系生长的动态变化过程进行监测。于 4 月中旬在试验处理小区安装微根管，每个试验小区选取两棵葡萄树，在其连线中点处的沟垄内沿沟垄横向剖面等间距垂直埋设 5 个根管，每根微根管上部留 20cm 露出地面以供后期固定监测系统的定位手柄，露出地面部分用不透光黑色胶带包裹并盖好防水盖，防止光照透过管壁对根系生长造成影响，并避免灰尘、水分等进入微根管内影响根系图像的采集。观测前，通过调焦，使电子窥镜摄像头能够拍到清晰的图像，之后保持焦距不变进行根系观测。测定时将摄像头、连接杆、视频采集器用 USB 线连接到电脑，将电子窥镜摄像头放入微根管内，定位拍摄微根管内任意深度的图像。待葡萄根系在微根管周围定居后，从 6 月下旬进行观测，每月观测一次，8 月底结束观测，其间共观测 3 次。后期利用 WinRHIZO 图像分析软件（中国广州航信科学仪器有限公司生产）处理根系图像，获得每个图像中的根系长度、投影面积、根比表面积等根系参数。

图 5-1　微根管埋设与监测

四、数据分析

用 Microsoft Excel 2019 进行数据计算；用 SPSS 17.0 统计软件进行双因素方差分析；用 Origin 2021 作图。

第二节 葡萄根系生长变化规律

一、葡萄生育期内土壤含水量分布

土壤水分的变化和运动会影响到葡萄根系的生长和发育。一般土壤含水量保持在田间持水量的 $60\%\sim80\%$ 时，葡萄根系可正常生长、吸收、运转和输导。土壤含水量过多时，土壤通气不良，而产生硫化氢等有害物质，抑制根的呼吸，使根的生长受阻。当土壤含水量低到接近凋萎系数时，根系停止吸收，光合作用开始受到抑制。

经种植葡萄果粒膨大期、果粒成熟期、枝条成熟期（6—9月）田间试区连续监测，在各自试验处理下，将 $0\sim60cm$ 深度内监测土壤含水量做均值处理，得薄膜中与膜外边下方土壤体积含水量随监测日期变化规律如图 5-2 所示。当开沟模式为 $20cm\times100cm$，随着灌溉定额的增加，膜中和膜边灌水前与灌水后土壤体积含水量也随之增加。相比灌溉定额为 $305m^3/$亩，灌溉定额为 $340m^3/$亩、$375m^3/$亩的灌水后膜中土壤含水量分别增加了 $2.45\%\sim3.25\%$、$3.34\%\sim4.56\%$，膜边土壤含水量分别增加了 $1.24\%\sim3.11\%$、$1.83\%\sim3.75\%$，说明加大灌溉定额有利于滴灌带表面积水区面积增大，使得盐碱土壤在滴头下方饱和区增大，入渗速率加快。当开沟模式为 $20cm\times80cm$ 时，开沟深度不变，开沟宽度由 $100cm$ 减小至 $80cm$，灌溉定额为 $305m^3/$亩、$340m^3/$亩、$375m^3/$亩，膜中土壤体积含水量分别减少了 $0.23\%\sim0.52\%$、$0.35\%\sim0.65\%$、$0.45\%\sim0.78\%$，膜边土壤体积含水量分别减少了 $1.21\%\sim1.54\%$、$1.45\%\sim1.63\%$、$1.25\%\sim1.88\%$，由此可见，随着开沟深度的减小，膜中土壤含水量变化不明显，但对于膜边土壤含水量影响较明显，呈下降趋势。

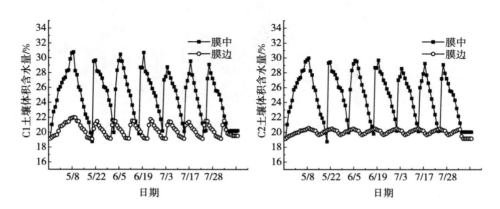

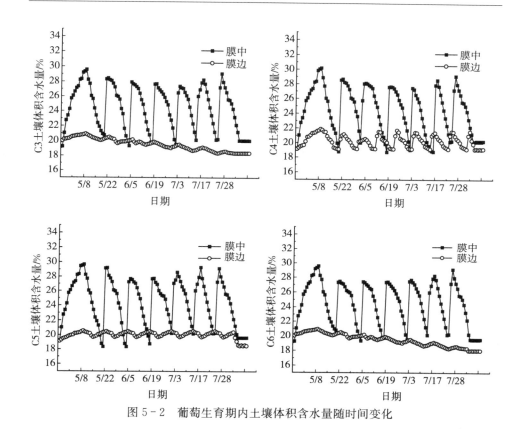

图 5-2 葡萄生育期内土壤体积含水量随时间变化

二、葡萄生育期内土壤含盐量分布

经种植葡萄果粒膨大期、果粒成熟期、枝条成熟期（6—9 月）田间试区连续监测，在各自试验处理下，将 0～60cm 深度内监测土壤含盐量做均值处理，得膜中与膜边下方土壤含盐量随监测日期变化规律如图 5-3 所示。当开沟模式为 20×100cm，灌溉定额为 375m³/亩时膜中土层的盐分变化呈现局部先减少后增加，整体在减少；灌溉定额为 305m³/亩、340m³/亩时膜中土层的盐分变化呈现局部先减少后增加，整体表现为先增加后减少。灌溉定额为 305m³/亩、340m³/亩、375m³/亩时，膜边土层的盐分呈现缓慢增加的变化。当开沟模式为 20×80cm，灌溉定额为 305m³/亩、340m³/亩、375m³/亩时，膜中土层的盐分变化都是呈现局部先减少后增加，整体在减少，灌溉定额为 375m³/亩相对灌溉定额为 305m³/亩、340m³/亩的整体降幅较大；灌溉定额为 305m³/亩、340m³/亩时膜边土层的盐分都是呈现缓慢增加的变化，灌溉定额为 375m³/亩时膜边土层的盐分呈现缓慢减少的变化。

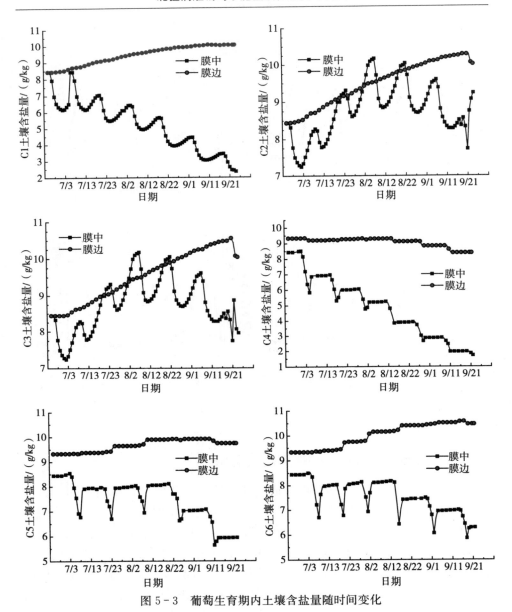

图 5-3 葡萄生育期内土壤含盐量随时间变化

三、葡萄根系总根长变化规律

不同处理下葡萄生育期内总根长变化见图 5-4。不同处理下，总根长从开花坐果期到果粒成熟期一直增大，从果粒膨大期到果粒成熟期各处理的总根长增长快于从开花坐果期到果粒膨大期的。在各生育阶段，不同灌水量对总根长影响较大,呈现出总根长随灌水量的增大而增加趋势。而不同开沟模式对总根长的影响较小,开沟模式为20cm×80cm处理的总根长整体上略高于开沟模式为20cm×100cm处理。在果粒成熟期,总根长最大值和最小值分别为C1和C3处理的值,C1比C3长47.40mm。

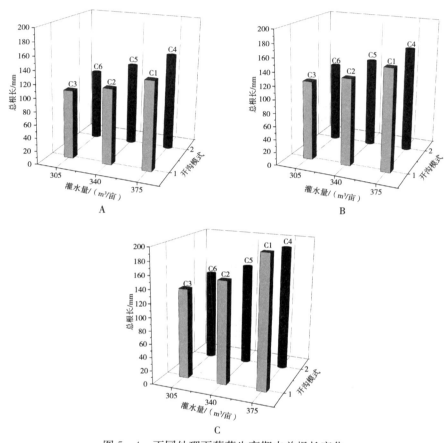

图5-4　不同处理下葡萄生育期内总根长变化

A. 开花坐果期　B. 果粒膨大期　C. 果粒成熟期

注:开沟模式1为沟深20cm×沟宽100cm,开沟模式2为沟深20cm×沟宽80cm,下同。

四、葡萄根系总投影面积变化规律

不同处理下葡萄生育期内根系总投影面积的变化见图5-5。不同处理下,根系总投影面积从开花坐果期到果粒成熟期一直增大,各处理下根系总投影面积从开花坐果期到果粒膨大期增长缓慢,从果粒膨大期到果粒成熟期增长加快,而沟宽80cm、灌溉定额375m³/亩(C4)处理下根系总投影面积增长则呈现出先快后慢趋势。不同灌水量对根系总投影面积影响较大，表现为在各生育阶段，灌水量为 375m³/亩处理下根系总投影面积高于灌水量为 340m³/亩和305m³/亩处理，而灌水量为 340m³/亩和 305m³/亩处理差异不大；在果粒成熟期，C1 处理下根系总投影面积最大，C6 处理最小，C1 处理比 C6 处理增加3.13cm²。不同开沟模式对根系总投影面积的影响较小，开沟模式为 20cm×80cm 处理下根系总投影面积整体上略高于开沟模式为 20cm×100cm 处理。

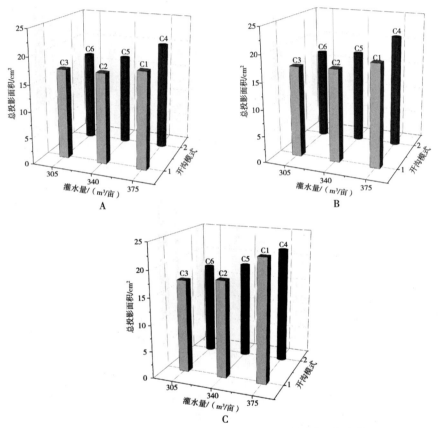

图 5-5　不同处理下葡萄生育期内根系总投影面积变化

A. 开花坐果期　B. 果粒膨大期　C. 果粒成熟期

五、葡萄根系总比表面积变化规律

不同处理下葡萄生育期内根系总比表面积变化见图 5-6，根系总比表面积从开花坐果期到果粒成熟期一直增大，从开花坐果期到果粒膨大期和从果粒膨大期到果粒成熟期两个时期内，C2、C3、C5 处理下根系总比表面积缓慢增长，C4、C6 处理下根系总比表面积呈现出先快后慢的增长趋势，而 C1 处理下则根系总比表面积呈现出先慢后快的增长趋势。在各生育阶段，不同灌水量对根系总比表面积影响较大，呈现出根系总比表面积随灌水量增大而增加趋势。在果粒成熟期，C1 处理下根系总比表面积最大，C6 处理下最小，C1 处理比 C6 处理增加 9.10cm²。而不同开沟模式对根系总比表面积影响较小，开沟模式为 20cm×80cm 处理下根系总比表面积整体上略高于开沟模式为 20cm×100cm 处理。

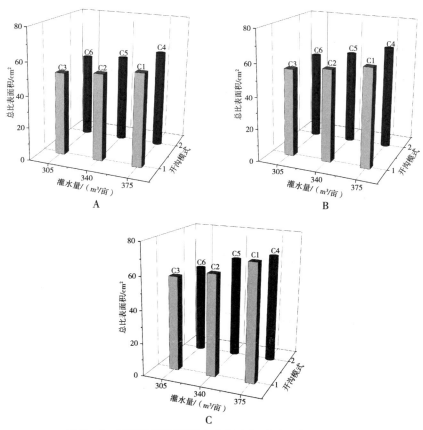

图 5-6　不同处理下葡萄生育期内根系总比表面积变化

A. 开花坐果期　B. 果粒膨大期　C. 果粒成熟期

六、葡萄根平均直径变化规律

不同处理下葡萄生育期内根平均直径变化见图 5-7。不同处理下，根平均直径从开花坐果期到果粒成熟期一直增大，除 C1 外的其他处理下根平均直径从开花坐果期到果粒膨大期增长迅速，从果粒膨大期到果粒成熟期增长加快，此过程中 C2、C5 处理下根平均直径增长速度减缓。在各生育阶段，不同灌水量对根平均直径影响较大，与总根长、总投影面积等指标和灌水量的关系不同，根平均直径随灌水量增大而减小。而不同开沟模式对根平均直径影响较小，开沟模式为 20cm×80cm 处理下根平均直径整体上略高于开沟模式为 20cm×100cm 处理。在果粒成熟期，C6 和 C1 处理下根平均直径分别为最大值和最小值，C6 处理比 C1 处理提高 0.71mm。根平均直径随灌水量减小而增大，说明葡萄根系受到胁迫时，通过自身生长调节增加根系直径，进而增大根系表面积，提高吸水能力。

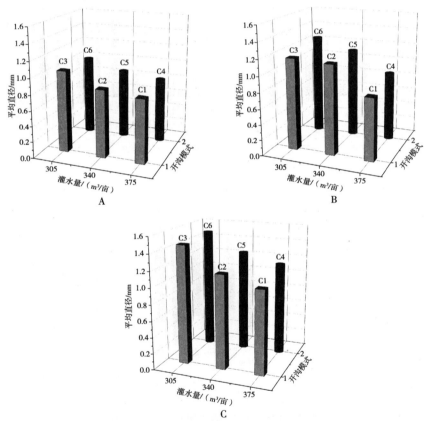

图 5-7　不同处理下葡萄生育期内根平均直径变化
A. 开花坐果期　　B. 果粒膨大期　　C. 果粒成熟期

七、葡萄根系总体积变化规律

不同处理下葡萄生育期内根系总体积变化见图 5-8。不同处理下，根系总体积从开花坐果期到果粒成熟期一直增大，开花坐果期到果粒膨大期和果粒膨大期到果粒成熟期两个时期内，C2、C3、C5、C6 处理下根系总体积增长缓慢，而 C1 处理下根系总体积呈现先慢后快的增长趋势，C4 处理下则根系总体积呈现出先快后慢的增长趋势。在各生育阶段，不同灌水量对根系总体积影响较大，表现为灌水量为 375m³/亩处理下的根系总体积高于灌水量为 340m³/亩和 305m³/亩处理，而灌水量为 340m³/亩和 305m³/亩处理差异不大。在果粒成熟期，C1 处理下的根系总体积最大，C3 处理下最小，C1 比 C3 增大 1.05cm³。不同开沟模式对根系总体积影响较小，开沟模式为 20cm×80cm 处理下根系总体积整体上略高于开沟模式为 20cm×100cm 处理。

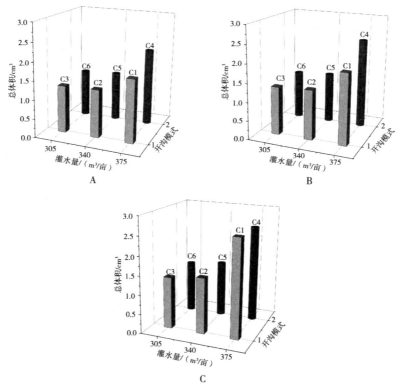

图 5-8　不同处理下葡萄生育期内根系总体积变化
A. 开花坐果期　B. 果粒膨大期　C. 果粒成熟期

　　综上，不同处理下，从开花坐果期到果粒成熟期根系各生长动态指标均增大。在各生育阶段，不同灌水量对根系各生长动态指标影响较大，随灌水量增加，总根长、总投影面积、总比表面积和总体积增大；而根平均直径与灌水量之间的关系则不同，随着灌水量增加，根系平均直径减小。不同开沟模式对根系各生长动态指标影响较小，开沟模式为 20cm×80cm 处理下总根长、总投影面积、总比表面积、平均直径和总体积整体上略高于开沟模式为 20cm×100cm 处理。

第三节　葡萄根系生长特征值综合评价

一、土壤水分分布对根系生长动态影响

试验期间总降水量小，且葡萄为覆膜种植，因此，降水入渗土壤被根系吸收利用量很小，土壤水分补给来源主要是灌溉水。葡萄根系的动态生长过程受土壤水分的影响较大；生育期土壤水分越高，总根长、总投影面积、总比表面积和总体积越大；生育期土壤水分变小，根的平均直径越大，根系吸水性越强。从表5-1可以看出，在相同开沟宽度条件下，随灌水量增大，灌后土壤剖面有效湿润区面积增大，而两种开沟模式 20cm×80cm 和 20cm×100cm 下有效湿润区形状不同，面积也有所差异，主要是由于沟宽变化影响了土壤水分的水平扩散和垂向运移。总根长随有效湿润区面积增加呈增加趋势，总投影面积、总比表面积和总体积等指标与总根长变化规律相同；而根平均直径与有效湿润区面积的规律则不同，随着有效湿润区面积增加，根平均直径减小。随湿润区范围扩大，根系向浅层土壤集中，以充分吸收利用湿润区水分，而向深层土壤生长延伸根系少。

表5-1　不同处理下土壤有效湿润区面积、低盐区面积与根系生长指标统计分析

指标	C1	C2	C3	C4	C5	C6
土壤有效湿润区面积/cm²	2 501	2 287	2 065	2 589	2 374	2 108
低盐区面积/cm²	2 389	2 111	1 565	2 505	2 194	1 608
总根长/cm	134.45	115.16	104.45	148.45	126.23	108.41
总投影面积/cm²	18.14	17.06	17.02	20.24	17.13	17.07
总比表面积/cm²	57.02	53.58	51.33	60.02	54.48	52.53
平均直径/mm	0.81	0.86	1.04	0.83	0.89	1.01
总体积/cm³	1.68	1.28	1.26	2.08	1.31	1.28

二、土壤盐分分布对根系生长动态影响

膜下滴灌用水量小，且试验地土壤初始含盐量高，土壤盐分在外界强烈蒸发条件下容易表聚，加重土壤次生盐渍化危害，作物生长受到胁迫，且有研究表明，土壤盐分是影响作物生长的关键环境因子之一。根系是植物与土壤环境接触的重要媒介，直接受土壤盐分变化的影响，并能通过自身的调节系统，使之在形态和生理上发生适应性反应，提高对养分和水分吸收能力。本试验中，

在葡萄生育期因降水量少且覆膜种植，土壤水分补给来源主要是灌溉水，灌水会影响土壤盐分运移，故土壤盐分动态变化主要受灌水和根系影响。同时，土壤盐分的分布又会影响到根系生长，具体表现在不同土壤含盐量下根系生长动态指标不同。本文以开花坐果期的根系生长指标和土壤盐分分布为例，分析根系生长与低盐区面积变化之间的关系（在本试验中，低盐区面积指土壤剖面含盐量低于 8g/kg 的区域面积）。

随灌水量的增大，低盐区的面积增大，而两种开沟模式 20cm×80cm 和 20cm×100cm 下的低盐区形状有所不同但面积相差不大，主要是由于沟宽变化影响了土壤水分的水平扩散和垂向运移，从而影响到盐分在剖面的分布，见表 5-1。总根长随低盐区面积增加呈增加的趋势，总投影面积、总比表面积、总体积与总根长变化规律相同；而根平均直径与低盐区面积之间的变化规律则不同，随着低盐面积的增加，根平均直径减小。葡萄植物根系在盐分胁迫下受到影响，当土壤含盐量超过 5g/kg 时，会明显抑制作物主根的伸长，随着土壤含盐量的增加，根系向浅层土壤集中，向深层土壤生长延伸的根系越来越少。通过灌水淡化了葡萄根区的盐分，为根系创造了有利的水盐环境，灌水量越大，根区附近低盐区面积越大，越有利于根系生长，具体表现在总根长、总投影面积、总比表面积和总体积越高。而在低盐区外部，土壤含盐量过高抑制根系的生长发育。

三、开沟模式与灌水量对根系生长影响综合评价

为探究灌水量和开沟模式双重因子对根系生长影响差异的显著性，本文运用双因素方差分析法对数据进行分析处理，结果见表 5-2。不同灌水处理对根系各生长指标影响差异均显著，而不同开沟模式对根系各生长指标影响差异并不显著，说明本试验中，对根系生长影响的双重因子，灌水量对根系生长变化起主导作用。

表 5-2　不同处理对根系生长的显著性分析

指标	开沟模式		灌水量	
	F	P	F	P
总根长	0.162	0.694	6.658	0.011
总投影面积	0.623	0.445	15.880	0.000
总比表面积	0.038	0.848	6.491	0.012
平均直径	0.302	0.593	4.214	0.041
总体积	1.019	0.333	30.129	0.000

注：显著性水平为 0.05。

　　总根长随灌水量增大呈增加趋势，总投影面积、总比表面积和总体积与灌水量之间的变化关系与总根长相同；而根平均直径与灌水量之间的关系不同，随着灌水量的增加，根平均直径并未呈现出增大的趋势，反而在逐渐减小，见表5-3和图5-9。这是因为灌水量增大，水分横向扩散和垂向运移加快，土壤湿润区范围增大，同时根系具有向水性，其生长分布范围随湿润区范围的扩大越来越广，且浅层新生细根增多，占比大，根的平均直径总体上呈减小状态。不同灌水量处理对根系各生长指标的影响差异明显。对总根长而言，灌水量为375m³/亩处理总根长明显高于灌水量为340m³/亩和305m³/亩处理的总根长，比灌水量为340m³/亩处理高28.01cm，比灌水量为305m³/亩处理高43.02cm，而总根长在340m³/亩和305m³/亩的灌水处理下差异并不明显。灌水量为375m³/亩处理总投影面积、总比表面积和总体积均明显高于灌水量为340m³/亩和305m³/亩处理。灌水量为375m³/亩处理总投影面积、总比表面积和总体积分别比灌水量为340m³/亩处理高3.02cm²、5.38cm²和0.83cm³，分别比灌水量为305m³/亩处理高3.41cm²、9.10cm²和1.17cm³。而总投影面积、总比表面积和总体积在340m³/亩和305m³/亩的灌水处理下差异并不明显。而对于根平均直径，灌水量为305m³/亩处理的值明显高于340m³/亩和375m³/亩处理的值，分别高0.16mm和0.32mm，根平均直径在340m³/亩和375m³/亩的灌水处理下的差异并不明显。

表5-3　不同灌水处理下根系生长指标统计特征值

指标	灌水量为375m³/亩处理下特征值		灌水量为340m³/亩处理下特征值		灌水量为305m³/亩处理下特征值	
	平均值	标准差	平均值	标准差	平均值	标准差
总根长/cm	164.54	24.86	136.53	15.66	121.52	13.56
总投影面积/cm²	20.62	1.79	17.60	0.54	17.21	0.20
总比表面积/cm²	63.53	5.17	58.15	3.88	54.43	2.28
平均直径/mm	0.92	0.14	1.08	0.16	1.24	0.21
总体积/cm³	2.20	0.37	1.37	0.08	1.03	0.04

　　不同开沟模式处理对根系各生长指标的影响不同，见表5-4。对总根长而言，不同开沟模式对总根长的影响较小，开沟模式为20cm×80cm处理下总根长整体上略高于开沟模式为20cm×100cm处理；不同开沟模式对总投影面积的影响较小，开沟模式为20cm×80cm处理下总投影面积整体上略高于开沟模式为20cm×100cm处理；不同开沟模式对总比表面积的影响较小，开沟模式为20cm×80cm处理下总比表面积整体上略高于开沟模式为20cm×100cm处

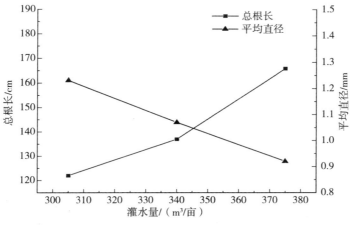

图 5-9 总根长和平均直径随灌水量变化关系

理；不同开沟模式对根平均直径的影响较小，开沟模式为 20cm×80cm 处理下平均直径整体上略高于开沟模式为 20cm×100cm 处理；不同开沟模式对总体积的影响较小，开沟模式为 20cm×80cm 处理下总体积整体上略高于开沟模式为 20cm×100cm 处理。由此可见，不同开沟模式对根系各生长指标影响差异并不显著。

表 5-4 不同开沟模式下根系生长指标统计特征值

指标	20cm×100cm 下特征值		20cm×80cm 下特征值	
	平均值	标准差	平均值	标准差
总根长/cm	138.54	27.94	142.77	24.11
总投影面积/cm²	18.26	1.88	18.69	1.95
总比表面积/cm²	58.50	5.88	58.91	5.12
平均直径/mm	1.05	0.21	1.10	0.22
总体积/cm³	1.57	0.43	1.68	0.52

　　开沟模式与灌水量因素均会影响葡萄根系生长动态，不同灌水处理对根系各生长指标影响差异均显著，但不同开沟模式对根系生长动态指标影响差异不显著，说明在本试验中，灌水量对根系生长变化起主导作用，两种开沟模式并不是影响作物根系生长的主要因素。葡萄根系生长动态与土壤水盐变化相关，土壤含水量高导致根系大量繁殖，而根系吸水和蒸散发又导致土壤含水量减少，灌水量越大，主根区附近低盐区面积越大，越有利于根系生长。综合各处理下的根系生长动态指标来看，在高灌溉定额处理下根系生长最为旺盛，水分

是影响根系生长的关键因素。

第四节　本章小结

本章主要采用微根管法观测葡萄生育期根系生长，分析开沟模式和灌水量对根系各生长动态指标的影响，进一步分析不同开沟模式和不同灌水量对土壤水盐数据分析与预测、葡萄根系发育规律的影响。主要结论及研究成果如下：

一是在不同处理下，从开花坐果期到果粒成熟期根系各生长动态指标均增大。在葡萄各生育阶段，不同灌水量对根系各生长动态指标影响较大，随着灌水量的增加，总根长、总投影面积、总比表面积和总体积增大，而根平均直径减小。

二是不同开沟模式对根系各生长动态指标影响小。开沟模式为 20cm×80cm 处理下总根长、总投影面积、总比表面积、平均直径和总体积整体上高于开沟模式为 20cm×100cm 处理。

三是不同灌水处理对根系各生长指标的影响均显著，不同开沟模式对根系各生长指标的影响不显著，对根系生长影响的双重因子中，灌水量对根系生长变化起主导作用。

参 考 文 献

[1] Arnon I. Physiological principles of dryland crop production [J]. Physiological Aspects of Dryland Farming. U. S. Gupta ed, 1975: 3 - 145.

[2] Brown P L. Water use and soil water depletion by dryland winter wheat as affected by nitrogen fertilization1 [J]. Agronomy Journal, 1971, 63 (1): 43 - 43.

[3] Constable G A, Bange M P. The yield potential of cotton (*Gossypium hirsutum* L.) [J]. Field Crops Research, 2015, 182: 98 - 106.

[4] Gardin J, Schumacher R L, Bettoni J C. Abscisic acid and ETEFOM: Influence on the maturity and quality of Cabernet Sauvignon grapes [J]. Revista Brasileira de Fruticultura, 2012, 34 (2): 321 - 327.

[5] Herralde F D, Savé R, Aranda X, et al. Grapevine roots and soil environment: growth, distribution and function [J]. Methodologies and Results in Grapevine Research, 2010: 1 - 20.

[6] Huang M, Dang T H, Gallichand J, et al. Effect of increased fertilizer applications to wheat crop on soil - water depletion in the Loess Plateau, China [J]. Agricultural Water Management, 2003, 58 (3): 267 - 278.

[7] Lawlor D W, Cornic G. Photosynthetic carbon assimilation and associated metabolism in

relation to water deficits in higher plants [J]. Plant，Cell & Environment，2002，25 (2)：275 – 294.

[8] Zhouping S G，Shao M G，Dyckmans J. Effects of nitrogen nutrition and water deficit on net photosynthetic rate and chlorophyll fluorescence in winter wheat [J]. Journal of Plant Physiology，2000，156 (1)：46 – 51.

[9] 曹宁，符力，张玉斌. 低温对玉米苗期根系生长及磷养分吸收的影响 [J]. 玉米科学，2008 (4)：58 – 60.

[10] 杜太生，康绍忠，夏桂敏. 滴灌条件下不同根区交替湿润对葡萄生长和水分利用的影响 [J]. 农业工程学报，2005 (11)：51 – 56.

[11] 郭承彬，董凤丽，吴明阳. 果树根系生长发育的研究进展及调控应用 [J]. 现代园艺，2018 (21)：15 – 17.

[12] 郭凯力，高甲荣，马岚. 护岸金丝柳根系分布特征和力学特性分析 [J]. 北京林业大学学报，2015，37 (8)：90 – 96.

[13] 贺普超，罗国光. 葡萄学 [M]. 北京：中国农业出版社，1994.

[14] 蒋坤云，陈丽华，盖小刚. 华北护坡阔叶树种根系抗拉性能与其微观结构的关系 [J]. 农业工程学报，2013，29 (3)：115 – 123.

[15] 雷相科，张雪彪，杨启红. 植物根系抗拉力学性能研究进展 [J]. 浙江农林大学学报，2016，33 (4)：703 – 711.

[16] 李慧，虎胆·吐马尔白，杨鹏年，等. 南疆膜下滴灌不同盐分棉田水盐运移规律研究 [J]. 节水灌溉，2014 (7)：4 – 6＋9.

[17] 李志霞，秦嗣军，吕德国. 植物根系呼吸代谢及影响根系呼吸的环境因子研究进展 [J]. 植物生理学报，2011，47 (10)：957 – 966.

[18] 刘斌，刘洪光，何新林. 组合式滴灌水分运动规律试验研究 [J]. 灌溉排水学报，2013，32 (4)：28 – 31.

[19] 刘凤山，周智彬，胡顺军. 根钻不同取样法对估算根系分布特征的影响 [J]. 草业学报，2012，21 (2)：294 – 299.

[20] 刘洪光，郑旭荣，何新林. 开沟覆膜滴灌技术对田间盐碱的运移影响研究 [J]. 中国农村水利水电，2010 (12)：1 – 3＋7.

[21] 罗宏海，张宏芝，杜明伟. 膜下滴灌下土壤深层水分对棉花根系生理及叶片光合特性的调节效应 [J]. 应用生态学报，2009，20 (6)：1337 – 1345.

[22] 马理辉，吴普特，汪有科. 黄土丘陵半干旱区密植枣林随树龄变化的根系空间分布特征 [J]. 植物生态学报，2012，36 (4)：292 – 301.

[23] 潘晓华，王永锐，傅家瑞. 水稻根系生长生理的研究进展 [J]. 植物学通报，1996 (2)：14 – 21.

[24] 齐智娟. 河套灌区盐碱地玉米膜下滴灌土壤水盐热运移规律及模拟研究 [D]. 杨凌：中国科学院教育部水土保持与生态环境研究中心，2016.

[25] 孙波，刘光玲，杨丽涛. 甘蔗幼苗根系形态结构及保护系统对低温胁迫的响应 [J]. 中国农业大学学报，2014，19 (6)：71 – 80.

[26] 孙浩，李明思，丁浩．滴头流量对棉花根系分布影响的试验 [J]．农业工程学报，2009，25（11）：13-18．

[27] 王官福，高疆生．吐鲁番无核白葡萄根系分布调查 [C]//唐克轩，黄丹枫，王世平．园艺学进展．上海：上海交通大学出版社，2008．

[28] 王晓芳，徐月华，翟衡．不同葡萄砧穗组合根系构型研究 [J]．果树学报，2007（3）：293-297．

[29] 王雅琴，刘洪光，徐万里．干旱区膜下滴灌农田不同类型土壤盐分变化分析 [J]．中国农村水利水电，2017（2）：26-30＋36．

[30] 王允喜，李明思，蓝明菊．膜下滴灌土壤湿润区对田间棉花根系分布及植株生长的影响 [J]．农业工程学报，2011，27（8）：31-38．

[31] 徐猛．作物根系构型特征与水肥利用效率关系的研究 [J]．现代农业科技，2013（14）：230．

[32] 徐玉涵，孙鲁龙，高振．葡萄芽、根总呼吸变化与空气、土壤有效积温的关系研究 [J]．植物生理学报，2020，56（4）：799-806．

[33] 阎素红，杨兆生，王俊娟．不同类型小麦品种根系生长特性研究 [J]．中国农业科学，2002（8）：906-910．

[34] 杨艳芬，王全九，白云岗．极端干旱地区滴灌条件下葡萄生长发育特征 [J]．农业工程学报，2009，25（12）：45-50．

[35] 叶超，郭忠录，蔡崇法．5 种草本植物根系理化特性及其相关性 [J]．草业科学，2017，34（3）：598-606．

[36] 袁军伟，郭紫娟，刘长江．11 个葡萄品种根系抗寒性的综合评价 [J]．中外葡萄与葡萄酒，2015（2）：21-25．

[37] 张倩．葡萄根系抗寒性研究 [D]．洛阳：河南科技大学，2013．

[38] 张志山，李新荣，张景光．用 Minirhizotrons 观测柠条根系生长动态 [J]．植物生态学报，2006（3）：457-464．

[39] 周青云，王仰仁，孙书洪．根系分区交替滴灌条件下葡萄根系分布特征及生长动态 [J]．农业机械学报，2011，42（9）：59-63＋58．

[40] 朱锦奇，王云琦，王玉杰．根系主要成分含量对根系固土效能的影响 [J]．水土保持通报，2014，34（3）：166-170＋177．

第六章
盐碱地滴灌葡萄氮素吸收利用规律

氮素对葡萄生长和产量形成起着很重要的作用，根系吸收的氮素主要来源于肥料。氮是植物生长必需的重要营养元素之一，能够促进蛋白质和叶绿素的形成，有效提高"水分容量"和叶片细胞持水能力。农田施用化肥中所含的氮除部分被作物吸收外，还会有部分残留在土壤中或通过化学反应挥发。氮元素在自然界中，主要有 ^{14}N 和 ^{15}N 两种稳定的同位素形式。氮循环涉及复杂的物理、化学和生物转化过程[1-5]，^{15}N 同位素示踪技术可以独立标记氮素从土壤到作物体内的运输传递路径，排除其他环境的干扰，准确分辨作物所吸收氮素的来源[6]，从而探明所施氮肥在土壤内的转化，计算出作物根系吸收的氮素在植株不同部位的分配情况[7-8]，以及部分氮素的流失过程和去向[9]，并计算出作物不同部位及整株的肥料利用率。

作物氮素吸收来源研究目前主要被广泛应用在大田作物如冬小麦、水稻、烟草、棉花等[7,10-11]。姜佰文等[12]研究发现，水稻植株在生育前期主要吸收肥料氮，生育后期其主要吸收土壤氮；鲁彩艳等[13]通过盆栽试验发现，植株体内标记氮肥含量和比例随着生育期的推进明显降低，提高施氮量能显著抑制其变化。作物根系吸收氮素在植株不同部位的分配情况也备受研究人员关注。党廷辉等[14]通过 ^{15}N 同位素示踪技术发现，冬小麦吸收的 ^{15}N 主要分布于籽粒和茎叶，籽粒含氮量高于叶片含氮量，接下来依次是根系、叶鞘，颖壳的含氮量最低[15]。晏娟等[16]认为水稻分蘖期 ^{15}N 主要分配贮存在叶片中。赵凤霞等[17]研究发现，甜樱桃在盛花期粗根 ^{15}N 分配率最高（54.91％）；从盛花期至果实硬核期，细根和贮藏器官 ^{15}N 分配率由 85.43％减少至 55.11％，地上新生器官 ^{15}N 分配率由 14.57％增加至 44.89％。大量学者针对施肥时间与作物肥料利用率的内在联系展开研究。尚兴甲等[18]研究冬小麦秸秆发现，前期追肥处理下氮的利用率高，而后期追肥处理下氮的利用率会降低。管长志等[19]研究发现，秋季对巨峰葡萄叶片喷施 ^{15}N-尿素，标记氮肥的利用率达到 26.09％。彭福田等[20]对草莓研究发现，定植时追肥处理其氮肥利用率为 40.60％，花前追肥处理时氮肥利用率为 34.20％。总体来说，氮素的研究主要分为作物氮素吸收来源研究、氮素在体内分配情况的研究以及对氮肥利用率的研究。这些研究的目的是防止因过量及不合理施用氮肥导致氮肥利用率降低，或造成大量的氮素损失和严重的环境污染问题。我们应当在保证人与自然和谐共处的基础之上，让作物增产、农民增收。当前，如何减少养分流失、提高土壤供氮能力、实现肥料氮素的高效利用仍是一个亟待解决的重要问题。

葡萄是需氮量较高的树种，其体内的氮素循环过程也同样复杂[21]。目前，施用氮肥对葡萄影响的研究，很多试验因子都侧重于施肥时期和施肥量。而当前对于旱区滴灌条件下，利用^{15}N同位素示踪技术研究不同水肥耦合在连续生育期内对葡萄的氮素吸收利用影响特征需进一步深入[10,22-23]。汪新颖等[22]研究发现，高氮浓度会提高葡萄根系对^{15}N的吸收率与分配率，各器官的^{15}N分配率为叶＞茎＞根，但随着果树生育期的推进，根系对氮素的吸收转运情况、^{15}N吸收率以及通过根系转运分配至各器官的全氮与^{15}N有何差异尚未讨论。目前就覆膜滴灌条件下，不同水肥配比对葡萄光合指标的影响，以及植株各部位的氮含量、氮的来源、标记氮肥在各器官内的分配和利用率等方面，相关研究较少。另外，产量是衡量种植葡萄经济效益的重要指标，果树各器官氮素含量与其生物量密切相关，也反映了果树产量变化情况。Du等[24]发现与低灌水量相比，高灌水量能显著提高苹果产量；Dinh等[25]认为干旱胁迫显著降低了甘蔗的生物积累量，葡萄是否遵循这一原则还需进一步验证。

本研究拟采用^{15}N稳定同位素示踪技术，以弗雷无核葡萄为试材，研究在覆膜滴灌条件下，不同水肥耦合对葡萄各部位氮素含量、标记氮肥在葡萄植株各部位的分配以及利用率的影响。即监测^{15}N在土壤中的分布以及在葡萄根系、茎干、叶片、果实中的分布特点，研究肥料在滴灌一体化施肥中土壤残留和吸收的规律，以及在葡萄体内的分布特征。并采用方差分析方法比较不同水肥耦合下相关指标的差异显著性，利用统计学方法对指标间的相关性进行分析，明确滴灌葡萄的水肥利用机理。

第一节　研究方案与试验方法

一、试验区基本情况

试验区域选择在新疆生产建设兵团石河子果品公司一站 2#地，地理坐标位置为 86°00′E～86°15′E、44°22′N～44°50′N。试验地位置概况详见第二章第二节的试验区基本情况。

1. 试验区土壤性质

在试验地块 0～80cm 土层用环刀分层取样，每 10cm 取一个土样，将土样风干后研磨，过 2mm 筛，采用 LS13320 -全新纳微米激光粒度分析仪（Beckman Coulter，美国）进行粒径分析，测定砂粒、粉粒和黏粒含量，并按照分类标准对土壤质地进行分类（采用国际制土壤质地分类）。试验区土壤性质情况具体结果如表 6-1 所示，结果显示在 0～80cm 土层深度内，土壤主要为砂壤土。同时，用环刀法测定各层土壤干容重、田间持水量、饱和含水量等土壤物理性质指标，经换算得体积含水量。试验开始前取试验小区的土壤样品进行养分测定，结果显示此地有机质含量属中等，碱解氮含量中等，有效磷含量偏低，速效钾含量高，肥力状况属中下，土壤养分见表 4-2。

表 6-1　试验区 0～80cm 土壤主要物理性质

土层深度/ cm	土壤质地	颗粒质量分数/%			容重/ （g/cm³）	田间持水量/ %	饱和含水量/ %
		砂粒	粉粒	黏粒			
0～10	砂壤土	62.65	32.75	4.60	1.32	26.51	44.41
10～20	砂壤土	68.92	26.76	4.32	1.45	29.16	43.21
20～30	砂壤土	71.53	23.56	4.91	1.45	28.22	44.77
30～40	砂壤土	74.13	22.35	3.52	1.45	27.27	48.33
40～50	砂壤土	81.55	15.57	2.88	1.59	30.00	48.33
50～60	砂壤土	85.63	11.94	2.43	1.57	28.03	48.24
60～70	砂壤土	85.74	11.64	2.62	1.59	27.53	48.04
70～80	砂壤土	85.96	11.54	2.50	1.59	27.93	48.34

2. 试验区气象资料

由于试验区位于石河子气象站和炮台气象站之间，距两气象站较近，可以根据两气象站观测数据，用线性插值的方法得到试验区的气象数据。表 6-2 数据是根据两气象站的数据用插值法计算出的试验区 2017—2018 年作物生育期气象资料月平均值。

表 6-2　2017—2018 年作物生育期气象资料月平均值

时间		降水量/ mm	平均太阳辐射/ （MJ/m²）	平均气温/ ℃	平均湿度/ %	平均风速/ （m/s）	平均大气压/ kPa
2017 年	4 月 上旬	1.20	154.58	9.20	0.72	1.548	980.90
	4 月 中旬	1.36	163.12	14.36	0.61	1.671	978.20
	4 月 下旬	0.00	184.12	18.60	0.50	1.939	977.40
	5 月 上旬	0.12	190.72	18.75	0.43	2.481	978.50
	5 月 中旬	1.50	201.77	23.74	0.45	2.041	972.90
	5 月 下旬	0.14	220.54	25.20	0.47	1.837	972.90

（续）

时间			降水量/mm	平均太阳辐射/（MJ/m²）	平均气温/℃	平均湿度/%	平均风速/（m/s）	平均大气压/kPa
2017 年	6 月	上旬	0.68	233.73	23.63	0.49	1.526	970.70
		中旬	0.22	243.12	27.83	0.50	1.532	967.70
		下旬	0.58	243.88	27.09	0.55	1.633	966.20
	7 月	上旬	0.02	253.44	28.51	0.56	1.134	965.40
		中旬	0.46	258.21	26.86	0.60	1.070	967.70
		下旬	0.18	263.98	28.48	0.56	1.049	965.80
	8 月	上旬	0.50	249.98	26.34	0.58	1.379	967.00
		中旬	0.76	223.01	22.97	0.58	1.426	970.70
		下旬	0.00	224.87	23.42	0.53	1.207	973.60
2018 年	4 月	上旬	0.71	148.54	15.91	0.71	1.430	996.95
		中旬	0.14	158.38	16.04	0.45	1.750	997.25
		下旬	1.88	182.56	19.28	0.55	2.250	993.99
	5 月	上旬	3.18	190.16	15.96	0.73	1.840	994.19
		中旬	2.49	202.89	17.83	0.58	2.340	996.13
		下旬	0.00	224.50	22.59	0.40	1.760	988.58
	6 月	上旬	0.10	239.69	29.64	0.46	1.470	989.30
		中旬	1.39	250.50	28.90	0.53	1.560	987.05
		下旬	1.84	251.38	24.90	0.67	1.180	990.93
	7 月	上旬	1.24	262.38	26.07	0.65	1.550	984.81
		中旬	0.31	267.87	27.54	0.60	1.260	985.42
		下旬	1.18	274.52	26.96	0.70	0.990	986.65
	8 月	上旬	1.04	258.40	25.77	0.68	1.160	990.62
		中旬	0.00	227.35	27.45	0.55	1.030	989.09
		下旬	0.00	229.49	24.64	0.56	1.001	992.56

3. 试验材料

2017—2018 年，试验选取的葡萄为新疆生产建设兵团第八师具有代表性的弗雷无核葡萄，葡萄树行株距为 3.0m×1.5m，排架种植，有较好的代表性。当地葡萄种植为一行两管模式，采用开沟覆膜滴灌技术栽培，通常采用的滴头流量为 3.2L/h。整个葡萄生育期共灌水 7 次，滴灌灌水定额 30～40m³/亩，分别设置两个灌水量即高灌水量（360m³/亩）和低灌水量（330m³/亩）以及三个施肥量即高施肥量（120kg/亩）、中施肥量（100kg/亩）和低施肥量（80kg/亩）。本试验中，选取的葡萄树按当地开墩、除草、整枝、打药、中耕、冬埋等技术模式统一管理。

二、研究设计与处理

研究内容包含氮素在土壤中的分布及在葡萄植株不同器官中运移与分配、水肥耦合对葡萄产量和品质影响等。

本试验采用 20cm×80cm（沟深×沟宽）的膜下滴灌种植模式，设置 2 个灌水处理、3 个施肥处理，2017—2018 年试验小区随机布置，具体试验设计以及灌溉制度见表 6-3、图 6-1 和表 6-4。试验于 5 月 8 日、6 月 5 日、7 月 3 日分三次随水施肥。在本试验中施肥量为一个试验变量，为便于变量的控制和试验的进行，在试验小区采用球阀、水表、施肥设备等组成的系统，独立地控制试验小区的灌水和施肥。于 6 月 5 日用同位素标记氮肥（标记氮肥为上海化工研究院生产的尿素，其丰度为 5.16%）代替常规尿素施肥一次，见图 6-2。每个处理选取 2 棵长势良好且基本一致的葡萄树，在葡萄树根区施肥，并做好标记。

表 6-3　试验设计

处理	灌溉定额/ （m³/亩）	尿素/ （kg/亩）	二铵/ （kg/亩）	硫酸钾/ （kg/亩）	总施肥量/ （kg/亩）
C1	330	16	30	34	80
C2	330	22	38	40	100
C3	330	28	46	46	120
C4	360	16	30	34	80
C5	360	22	38	40	100
C6	360	28	46	46	120

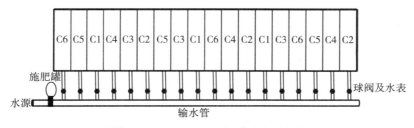

图 6-1　2017—2018 年试验小区布置

表 6-4　试验采用的灌溉制度

灌水处理	不同灌水日期及灌水方式下的灌水量/（m³/亩）								灌溉定额/（m³/亩）
	膜下滴灌						滴灌	沟灌	
	5/8	5/22	6/5	6/19	7/3	7/17	8/10	10/12	
低灌水量	35	30	30	35	35	35	30	100	330
高灌水量	40	35	35	35	40	40	35	100	360

图 6-2　^{15}N 同位素肥料

三、测定指标及方法

1. 试验区土壤主要物理性质

土壤物理性质主要包括土壤粒径、土壤干容重、田间持水量、饱和含水量等指标，其结果详见表 6-1。

2. 样品全氮含量和^{15}N 丰度的测定

根据前期资料收集和试验观测，春季施入的基肥主要分布在主根区 0～30cm 土层深度范围内。由于试验区葡萄种植采用滴灌技术，根据前期试验采取土样进行的水分运移研究，结果表明土壤水分水平运移 80～100cm。8 月下旬采收期，每个试验小区距离树干 0～150cm 范围内每 30cm 设置一个取样点，共 6 个取样点，在每个取样点分层取样，每 20cm 一层，共 6 层（图 6-3）。将土样装入密封袋内带回实验室，在烘箱内 105℃ 温度下烘干 6～8h 后进行研磨、筛分、装袋，用于样品全氮含量及 ^{15}N 丰度的测定。在取土样的同时另取茎干、叶片、根系、果实等样品，冲洗后立即置于 105℃ 的烘箱内杀青 30min，随后将温度调至 80℃，烘干样品。随后研磨并过 0.25mm 筛，装入密封袋内用于全氮及 ^{15}N 丰度的测定分析。

用凯氏定氮法[26]测定样品全氮含量，用稳定同位素质谱仪 MAT-253 测

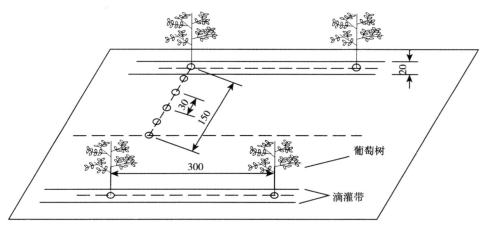

图 6-3　提取土样样品点位分布示意（单位：cm）

定¹⁵N 丰度。试验样品委托中国科学院地理科学与资源研究所进行测试。

3. 葡萄生物量统计方法

葡萄干物质量测定：在葡萄开花坐果期、果粒膨大期、果实成熟期等生育阶段，对葡萄枝条长、枝条数、中主脉长和叶片数进行监测，测定时每个处理选择三个蔓，用标识牌做好标记，在每个蔓上、中、下部选择三个叶片，也用标识牌做好标记，每次测定时用钢尺测量枝条长、中主脉长，然后数出叶片数和整个蔓的枝条数[27]。

葡萄叶面积与叶片中主脉长经验公式：

$$y = 0.859\ 4x^{2.082\ 3} \tag{6-1}$$

式中：y——葡萄叶片面积，cm^2；

　　　 x——葡萄叶片中主脉长，cm。

试验点葡萄地上干物质量与枝条数、叶片数和叶面积经验公式：

$$m = 0.000\ 3A^{1.525\ 5} \tag{6-2}$$

式中：m——单个枝条干物质量，g；

　　　 A——单个枝条葡萄叶面积总和，cm^2。

单位面积葡萄干物质量计算公式：

$$M = 0.667a \times b \times m/S \tag{6-3}$$

式中：M——单位面积干物质量，kg/亩；

　　　 a——每个试验行的葡萄蔓数；

　　　 b——每个蔓上的枝条数；

　　　 S——每个试验行覆盖面积，m^2。

4. 葡萄产量测定

葡萄果实成熟后，采用果树果园测定法[28]，随机选择两个测产地段，然后采用五点法确定样本株，再依据样本株的生长情况划分等份；采摘样本株若干等份果实，称其重量，再乘以等份数，换算成样本株的产量；按果株行距折算面积，计算亩株数，乘以样本株平均产量，即为果园的亩产量。

四、数据统计分析工具

采用 Microsoft Excel 软件对数据进行统计分析，用 Origin 8.5 进行绘图，并用 SPSS 21.0 进行显著性方差分析，设定 $\alpha=0.05$。

第二节　不同水肥耦合下土壤氮素分布特征

测定土壤剖面全氮含量和 ^{15}N 丰度值，探究六种水肥处理下氮素在土壤中的分布和迁移规律，本节以 2018 年的试验为例进行分析。

一、不同处理对土壤全氮和 ^{15}N 丰度分布特征影响

图 6-4 显示了不同处理下土壤剖面全氮含量分布的变化特征。从图中可以看出，在 0～40cm 土层土壤全氮含量高，氮素分布较为集中；不同处理下，土壤全氮含量在 40～100cm 土层分布则很低。不同处理下，距滴头 60～150cm 范围内的表层土壤有不同程度的氮富集，主要是由于距滴头 60cm 处已在膜边缘，距滴头 60～150cm 处已经没有薄膜覆盖，大气辐射强烈，地表温度高，滴头正下方的水分在土壤基质势的作用下沿水平方向向膜外扩散，同时带动了氮素的运移，水分蒸发后，氮素在膜外表层土壤内集中分布。在 0～40cm 浅层土壤，全氮含量出现集中分布，主要是由于 0～40cm 土壤内前期的全氮含量较高（试验地 0～40m 土壤全氮含量为 0.038%），并且施加的氮肥随水分运移，多集中贮存在此土层深度内，在 0～40cm 土层内葡萄根系虽比较发达，但多以多年生的粗根为主，新生的根系较少，根系活力低，吸收矿质离子的速度较慢；在 40～80cm 土层深度范围内，有适宜的水、温、盐环境，根系生长旺盛，新生根较多，根系活力强，吸收氮肥的速度快，土壤全氮含量低；

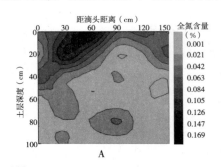

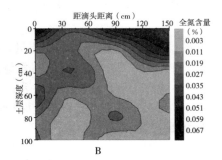

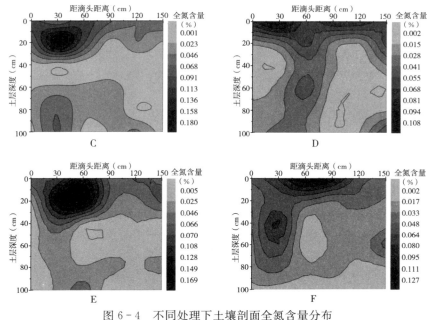

图 6-4　不同处理下土壤剖面全氮含量分布

A. C1 处理　B. C2 处理　C. C3 处理　D. C4 处理　E. C5 处理　F. C6 处理

在 80～100cm 深度土层内，由于土壤养分含量较低，加上滴灌灌溉水量小，水分很难垂向入渗到深层土壤，氮素等养分很难随水分运移到 80～100cm 深度土层，因此在此土层内土壤全氮含量较低。

图 6-5 显示了不同处理下土壤剖面^{15}N 丰度的变化特征。当灌水量为 330m³/亩，随施肥量增大，深层土壤内的^{15}N 丰度越大，当增大灌水量至 360m³/亩时，随施肥量增大，土壤内的^{15}N 丰度分布较为均匀。这是因为灌水量为 330m³/亩，深层土壤水分含量较低，根系分布较少，不能充分吸收施用的氮肥，而加大灌水量后，深层土壤水分含量高，根系对施用的氮肥吸收快并且充分，在各土层内含^{15}N 同位素的尿素肥料分布较为均匀。

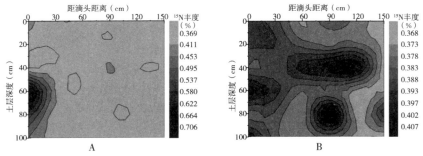

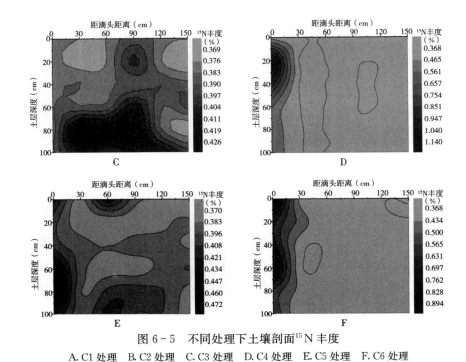

图 6－5　不同处理下土壤剖面^{15}N 丰度

A. C1 处理　B. C2 处理　C. C3 处理　D. C4 处理　E. C5 处理　F. C6 处理

从图 6－6 中可以看出，不同处理下土壤中全氮含量和^{15}N 丰度平均值分布不同，即灌水量一定时，随施肥量的增加，土壤全氮含量的平均值增大；当施肥量一定时，低灌水量处理（330m³/亩）的土壤全氮含量平均值大于高灌水量处理（360m³/亩）的值。从图中可以看出，C3 处理下的土壤剖面全氮含量平均值最高，达到 0.057％，而 C4 处理下的值最低，为 0.024％，C3 处理的值比 C4 处理的值高 137.5％。不同处理下土壤^{15}N 丰度所呈现的变化规律与全氮含量一致，即当灌水量一定时，随施肥量增加，土壤^{15}N 丰度平均值增加；当施肥

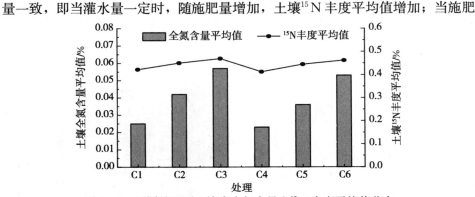

图 6－6　不同处理下土壤中全氮含量和^{15}N 丰度平均值分布

量一定时，低灌水量处理（330m³/亩）的土壤¹⁵N丰度平均值大于高灌水量处理（360m³/亩）时的值。C3处理下的土壤¹⁵N丰度平均值最大，C4处理土壤平均¹⁵N丰度最小，C3处理的土壤平均¹⁵N丰度比C4处理的值高13.6%。

二、不同处理对土壤全氮和¹⁵N丰度影响方差分析

本文采用双因素方差分析比较不同灌水量和施肥量处理下土壤全氮含量和¹⁵N丰度差异的显著性。通过双因素方差分析可知，在灌水量和施肥量两个因子中，施肥量起主导作用。从表6-5可知，不同灌水量对土壤全氮含量影响差异并不显著，不同施肥量对土壤全氮含量影响差异则极显著。不同施肥量对土壤¹⁵N丰度影响差异极显著，高施肥量处理下的土壤¹⁵N丰度极显著高于中施肥量处理和低施肥量处理下的值，并且中施肥量处理下的土壤¹⁵N丰度的值极显著高于低施肥量处理下的值。

表6-5 不同处理对土壤全氮和¹⁵N丰度的影响

单位：%

处理		全氮含量	¹⁵N丰度
水分	低灌水量	0.040aA	0.446aA
	高灌水量	0.037aA	0.435bA
肥料	高施肥量	0.054aA	0.460aA
	中施肥量	0.038bB	0.449bB
	低施肥量	0.024cC	0.421cC

注：表中小写字母代表处理间在 $\alpha=0.05$ 上的差异显著性，大写字母代表处理间在 $\alpha=0.01$ 上的差异显著性。

第三节 不同水肥耦合下植株氮素分布特征

葡萄在生育期内对氮素供应量要求较高，有研究表明适宜的氮素供应水平有利于新梢和叶片的生长，促使葡萄植株提早萌芽，增加产量[29]；氮素供应不足时，会影响叶绿素的合成和光合作用效率，产量减少，果实品质变差[30]。但是，过量施肥则可能会造成土壤氮素损失、氮肥利用率低、作物生长不良、地表水富营养化、地下水污染等问题。利用¹⁵N同位素示踪技术能够追踪氮素在葡萄植株体内的迁移、分配，以及部分氮素的流失过程。¹⁵N同位素示踪技术已被广泛地应用于养分运移等领域，相关研究有很多报道：张芳芳等[31]研究表明，在苹果幼果期，根系的¹⁵N含量最高，¹⁵N迁移到新梢、叶片等新生器官部位，以满足植株的生长；到采收期，地上部新生器官的¹⁵N含量明显高于

新生根系的含量。赵林等[11]则研究发现，在苹果盛花期，根系部位的^{15}N含量较高；进入新梢期后，^{15}N则向新生营养器官迁移、分配；在成熟期，^{15}N则优先被分配到果实；在采收期，^{15}N开始向根系回流。

本节将利用所测的样品氮含量及^{15}N稳定同位素的丰度，分析水肥耦合对标记氮肥在植株体内的吸收、分配及利用率的影响。采用方差分析比较不同水肥耦合下氮素在葡萄植株体内分布的差异显著性（本节以2018年的试验为例进行分析）。

一、不同水肥耦合下葡萄植株氮素含量分布特征

由于在分析的过程中将会用到^{15}N稳定同位素示踪法的相关公式，现将公式罗列如下：

$$各级器官吸氮量 = 各器官干物质量 \times 各器官全氮含量 \quad (6-4)$$

$$植株总吸氮量 = 地上部分吸氮量 + 根吸氮量 \quad (6-5)$$

$$^{15}N原子百分超 = 样品或^{15}N标记肥料的^{15}N丰度 - ^{15}N自然丰度(0.366\%)$$
$$(6-6)$$

$$各器官吸氮量中肥料氮的比例 = \frac{各器官^{15}N原子百分超}{肥料^{15}N原子百分超} \quad (6-7)$$

$$各器官吸收肥料氮量 = 各器官吸氮量 \times 各器官吸氮量中肥料氮比例$$
$$(6-8)$$

$$植株吸收的肥料氮量 = 地上部吸收的肥料氮量 + 根吸收的肥料氮量$$
$$(6-9)$$

$$各器官吸收土壤氮量 = 植株吸氮量 - 植株吸收的肥料氮量$$
$$(6-10)$$

$$氮肥利用率 = \frac{植株吸收的肥料氮量}{施氮量} \times 100\% \quad (6-11)$$

表6-6反映了不同水肥耦合下葡萄植株吸收积累的氮素、^{15}N在不同器官内的分配结果。可以看出，各处理下，根系的全氮含量最高，明显高于叶片、茎干等器官。对于葡萄根系，在一定灌水水平下，根系全氮含量随施肥量增加有所增长；在一定施肥水平下，根系全氮含量随灌水量增加整体呈增长趋势，特别地，中等施肥水平处理下（C2与C5）根系全氮含量随灌水量增加而小幅度降低。葡萄的叶片和果实器官全氮含量也随根系呈现类似的变化规律。而对于葡萄茎干器官，全氮含量随灌水量增加整体呈现下降趋势，这可能由于水分供应充足时，为了满足合成更多叶绿素的需求，茎干中的氮素转移到叶片等部位，促进了叶片的光合作用，提高了光合效率和干物质的积累速度。各处理下，果实部位的^{15}N丰度最高，明显高于根系、茎干等器官。在一定灌水水平下，果实

^{15}N 丰度随施肥量增加有所增长；在一定施肥水平，果实^{15}N 丰度随灌水量增加整体呈增长趋势。根系、茎干和叶片器官也表现出类似的变化规律，特别地，在一定灌水水平下，茎干 15N 丰度随施肥量增加呈现先增后减的变化趋势。

表 6-6 不同处理葡萄植株各器官氮素含量的比较

单位：%

处理	根系		茎干		叶片		果实	
	全氮	^{15}N 丰度	全氮	^{15}N 丰度	全氮	^{15}N 丰度	全氮	^{15}N 丰度
C1	3.441cd	0.442d	1.230bc	0.511bc	1.714c	0.521bc	1.336cd	0.668abc
C2	3.573bc	0.470bc	1.370b	0.538ab	1.943b	0.550ab	1.836ab	0.697ab
C3	3.664abc	0.488ab	1.290bc	0.536ab	2.053b	0.567a	1.895ab	0.714a
C4	3.557bc	0.451cd	1.145bcd	0.520abc	1.960b	0.530bc	1.673bc	0.677abc
C5	3.567bc	0.477bc	1.351b	0.546a	2.533a	0.556ab	1.809ab	0.703ab
C6	3.741a	0.493a	1.653a	0.541a	2.618a	0.572a	2.306a	0.720a

注：表中小写字母代表处理间在 $\alpha=0.05$ 上的差异显著性。

采用方差分析比较不同水肥耦合下葡萄植株各器官氮素含量的差异显著性结果。由表 6-6 可知，C6 处理下的根系全氮含量最高，显著高于 C1 处理下的值，全氮含量在 C2、C3、C4、C5 处理下的值差异不显著。这说明，在一定水分条件下，适当提高施肥量有利于根系氮素的积累。在茎干中，C6 处理下全氮含量显著增加，其余处理下全氮含量差异不显著，说明高水高肥耦合效应有利于葡萄茎干器官氮素累积。不同灌水处理下，叶片全氮含量差异显著，从表中可以看出，叶片全氮含量随着施肥量的增加而增加。在果实中氮素的积累趋势大致和叶片的类似，高水高肥处理下的果实全氮含量最高，且在灌水量一定时，果实中的全氮含量随施肥量的增加而增加。对于整个葡萄植株，不同处理下，根系部位的全氮含量最高，说明葡萄生长后期氮素在根系大量积累，叶片等器官中的氮素也开始回流贮存在根系中，根系中积累了大量的养分，可利于下一年的葡萄植株生长。从表 6-6 可以看出，不同水肥耦合下，葡萄植株不同器官^{15}N 丰度有所不同，果实中的^{15}N 丰度较高，且高于茎干和叶片中的^{15}N 丰度，根系中的^{15}N 丰度最低。根系和果实中^{15}N 丰度均以 C6 处理的值最高。在相同水分条件下，不同施肥量对^{15}N 丰度有一定影响，但并未达到显著差异，说明适量增施肥料可以促进葡萄植株吸收利用氮肥。

二、不同水肥耦合对葡萄植株氮素来源的影响

肥料贡献率（Ndff）是指葡萄植株器官从^{15}N 肥料中吸收的^{15}N 量对该器官全氮量的贡献率，反映了葡萄植株器官吸收肥料中^{15}N 的能力。具体计算见

式（6-12）。

$$肥料贡献率（Ndff，\%）=\frac{植物样品中^{15}N\ 丰度—^{15}N\ 自然丰度}{肥料样品中^{15}N\ 丰度—^{15}N\ 自然丰度}×100\%$$

（6-12）

表 6-7 是采用方差分析比较不同水肥耦合下葡萄植株各器官肥料贡献率的差异显著性结果。由表 6-7 可知，在一定施肥水平下，提高灌水对于葡萄植株根系、叶片和果实的肥料贡献率影响差异不显著，特别地，除了低肥水平下，葡萄叶片的肥料贡献率随灌水量增加而显著增长。在一定的施肥量条件下，提高灌水量有利于增强葡萄植株吸收氮素能力，提高肥料贡献率。不同施肥量对葡萄植株根系、果实、叶片肥料贡献率影响差异不显著，在土壤水分含量一定时，适量增施肥料可以增强葡萄植株的吸氮能力，使葡萄植株器官的肥料贡献率提高。不同灌水、施肥处理下，葡萄植株各器官对 ^{15}N 肥料的征调能力不同。试验结果表明，果实和叶片肥料贡献率高于根系和茎干中的值，说明果实部位和叶片部位吸收的 ^{15}N 肥料多，对 ^{15}N 有较强的征调能力，而根系和茎干对肥料 ^{15}N 的吸收较少。同时说明，在生育后期，果实和叶片吸收 ^{15}N 肥料的能力强，而根系和茎干中虽然全氮含量高，但 ^{15}N 肥料贡献的氮素较少，根系吸收的氮素等营养物质转移到果实和叶片中，进行营养供给，保证整个葡萄植株的生长。

表 6-7　不同处理对葡萄植株器官肥料贡献率的影响

单位：%

处理	根系	茎干	叶片	果实
C1	6.560d	12.516cd	13.380bc	19.551bc
C2	8.977bc	14.847b	15.883ab	21.429ab
C3	10.531a	14.367b	17.350a	22.529a
C4	7.337cd	13.293bc	14.156bc	20.134abc
C5	9.581ab	15.537a	16.400ab	21.817ab
C6	10.962a	15.106a	17.781a	22.918a

注：表中小写字母代表处理间在 $α=0.05$ 上的差异显著性。

三、不同水肥耦合对葡萄植株氮素分配的影响

各器官中氮肥（^{15}N）分配率指各器官中 ^{15}N 占全株 ^{15}N 总量的百分比，反映了肥料在葡萄植株体内的分布及在各器官迁移的规律。表 6-8 是采用方差分析比较不同水肥耦合下葡萄植株各器官氮肥分配率的差异显著性结果。不同水肥耦合，果实部位的氮肥分配率要显著高于其他器官，根系次之，而茎干和叶片相对较少，说明生育后期葡萄植株吸收的肥料氮主要集中在根系中，由于此时

处于生育后期，叶片逐渐老化，叶片内的养分开始回流贮存在根系中。各器官的氮肥分配率不同水肥耦合下存在一定的差异，在生育后期，增加灌水量可以提高根系、叶片、果实的氮肥分配率，而对于茎干，水肥耦合对其氮肥分配率的影响与根系、叶片、果实部分存在差异，氮肥分配率随灌水量的增加而降低，可能是茎干吸收的肥料氮一部分回流到根系，一部分被输送到果实部位。不同处理对葡萄植株各器官的氮肥分配率影响不同。各处理下，果实部位的氮肥分配率最高，明显高于根系、茎干等部分。对果实，在某一灌水量下，随施肥量的增加氮肥分配率呈先增后减的变化趋势，且高灌水量处理下的氮肥分配率整体上高于低灌水量处理下的值。对根系和叶片部位，也呈现出高灌水量处理下的氮肥分配率整体上高于低灌水量处理下的值这样的变化规律。

表 6-8　不同处理葡萄植株各器官氮肥分配率比较

单位：%

处理	根系	茎干	叶片	果实
C1	20.092ab	18.207a	14.79bc	46.645abc
C2	19.178abc	18.106a	13.964bcd	48.698a
C3	21.282ab	16.319abc	15.523ab	45.885cd
C4	22.377a	15.145bc	15.831ab	47.51ab
C5	20.018ab	16.087abc	16.029a	48.791a
C6	21.382ab	16.523ab	15.601ab	47.239ab

注：表中小写字母代表处理间在 $\alpha=0.05$ 上的差异显著性。

四、不同水肥耦合对葡萄植株氮素吸收利用的影响

1. 不同水肥耦合下葡萄植株吸收氮量变化规律

表 6-9 反映了不同水肥耦合下葡萄植株从肥料、土壤吸收的氮量及葡萄植株吸收的总氮量。由表 6-9 可知，C6 处理下的葡萄植株吸收肥料氮量最大，为 5.541g，C1 处理的值最小，为 2.450g，相差 3.091g。当灌水量一定时，葡萄植株吸收的肥料氮量随施肥量的增加而增加；当施肥量一定时，葡萄植株吸收的肥料氮量也随灌水量的增加而增加。

表 6-9　不同处理葡萄植株吸收氮量

单位：g

处理	肥料	土壤	总氮量
C1	2.450	64.832	67.282
C2	4.032	85.195	89.227
C3	4.538	89.719	94.257

（续）

处理	肥料	土壤	总氮量
C4	3.496	88.337	91.833
C5	4.672	100.132	104.804
C6	5.541	111.136	116.677

在不同的水肥耦合下，葡萄植株吸收的土壤氮量在 C6 处理下最大，为 111.136g，C1 处理下最小，为 64.832g，相差 46.304g。不同水肥耦合下，葡萄植株吸收的土壤氮量的变化规律与葡萄植株吸收肥料氮量的变化规律相同，即当灌水量（或施肥量）一定时，随施肥量（或灌水量）的增加，葡萄植株吸收的土壤氮量增加。

葡萄植株吸收的总氮量由两部分组成，一部分是葡萄植株吸收的施用的氮肥，另一部分是葡萄植株吸收的贮存在土壤中的原始氮。在不同的水肥耦合下，C6 处理葡萄植株吸收的总氮量最大，为 116.677g，C1 处理葡萄植株吸收的总氮量最小，为 67.282g，相差 49.395g。在不同的水肥耦合下，葡萄植株吸收的总氮量所呈现的变化规律与吸收的肥料氮量及土壤氮量的变化规律一致。

2. 不同水肥耦合下葡萄植株氮肥利用率变化规律

图 6-7 反映了不同水肥耦合下葡萄植株氮肥利用率变化规律情况。

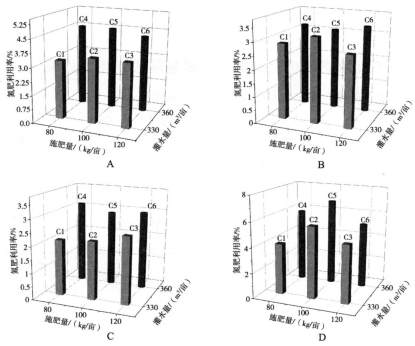

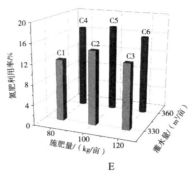

图 6 - 7 葡萄各器官氮肥利用率

A. 根系 B. 茎干 C. 叶片 D. 果实 E. 葡萄植株

图 6 - 7A 反映了不同水肥耦合下葡萄植株根系部分的氮肥利用率情况。由图可知，根系氮肥利用率在 C1 处理下最低，为 3.216%，C4 处理下最高，为 4.562%，两者相差 1.346%。低灌水量处理下，随施肥量的增大，根系的氮肥利用率增大；高灌水量处理下，随施肥量的增大，根系的氮肥利用率呈降低的趋势。在某一施肥水平下，高灌水量处理根系的氮肥利用率高于低灌水量处理下的值。可能是由于水分供应充足时，葡萄植株代谢旺盛，且在生育后期，部分氮素回流贮存在根系部位，导致根系部位标记氮肥利用率有所增加。

图 6 - 7B 反映了不同水肥耦合下葡萄植株茎干部分的氮肥利用率情况。由图可知，茎干氮肥利用率在 C3 处理下最低，为 2.701%，C6 处理下最高，为 3.343%，两者相差 0.642%。低灌水量处理下，随施肥量的增大，茎干部分的氮肥利用率呈先增后减的趋势；高灌水量处理下，茎干的氮肥利用率随施肥量的增大呈先减后增的变化趋势。在某一施肥水平下，高灌水量处理茎干的氮肥利用率整体上高于低灌水量处理下的值。

图 6 - 7C 反映了不同水肥耦合下葡萄植株叶片部分的氮肥利用率情况。由图可知，叶片氮肥利用率在 C1 处理下最低，为 2.125%，C4 处理下最高，为 3.165%，两者相差 1.040%。低灌水量处理下，随施肥量的增大，叶片部分的氮肥利用率呈增加的趋势；高灌水量处理下，叶片的氮肥利用率随施肥量的增大呈先减后增的变化趋势。与根系、茎干部位一样，在某一施肥水平下，叶片氮肥利用率在高灌水量处理下高于低灌水量处理下的值。

图 6 - 7D 反映了不同水肥耦合下葡萄植株果实部分的氮肥利用率情况。由图可知，果实氮肥利用率在 C1 处理下最低，为 4.044%，C5 处理下最高，为 6.903%，两者相差 2.859%。低灌水量处理下，果实部分的氮肥利用率随施肥量的增大呈先增后减的变化趋势；高灌水量处理下，随施肥量的增大，果实的氮肥利用率同样呈现先增后减的变化趋势。与根系、茎干、叶片部位一样，在

某一施肥水平下，高灌水量处理下的果实氮肥利用率高于低灌水量处理下的值。

图6-7E反映了不同水肥耦合下葡萄植株的氮肥利用率情况。从图可知，整株氮肥利用率在C1处理下最低，为12.249%，C5处理下最高，为17.482%，两者相差5.233%。低灌水量处理下，随施肥量的增大，整株的氮肥利用率呈先增后减的变化趋势；高灌水量处理下，整株的氮肥利用率呈现同样的变化规律。在某一施肥水平下，整株氮肥利用率在高灌水量处理下的值要高于低灌水量处理下的值。

综合图6-7葡萄各器官氮肥利用率可知，不同的水肥耦合下，葡萄植株各器官的^{15}N标记的氮肥利用率存在较大差异，果实的^{15}N标记的氮肥利用率最高，达6.903%，根系次之，叶片和茎干最小。从整株来看，不同处理间的氮肥利用率存在较大差异，C5处理的值显著高于C4和C6的值，同时C2处理的值也高于C3和C1处理的值。整株的氮肥利用率在C5处理下最高，C1处理下最低。葡萄植株^{15}N标记的氮肥利用率在低水低肥处理时最低，是因为此时灌水量小，土壤含水量低，根系生长在一定程度上受到抑制，对施用的肥料吸收能力低，吸收不完全；低水中肥处理下，氮肥利用率增大；低水高肥处理下，由于此时灌水量低而施肥量高，土壤溶液浓度过高，根系生长受到影响，氮素的吸收利用率反而降低，即^{15}N标记的氮肥利用率降低，但是仍大于低水低肥处理的值，说明适量增施肥料可以提高氮肥利用率。高水中肥处理下的葡萄植株^{15}N标记的氮肥利用率最高，这是由于此时灌水量多且施肥量适中，根系生长发育好，对肥料的吸收达到理想状态；高水高肥处理下，葡萄植株的^{15}N标记的氮肥利用率会有所降低，可能是由于施肥量过多，部分的肥料随水分运移到主根区之外，不能被根系完全吸收。

第四节　不同水肥耦合下氮素累积的影响

氮不仅是植物体细胞的组成部分，还参与植物体内的一系列新陈代谢活动，调节植物的生理活动。植物吸收氮元素主要是依靠根尖部位，由于根毛区的存在，使得根系表面积增加，增加了根系与土壤的接触面积。根毛区表面的细胞通过吸附及交换使离子进入根系细胞，通过共质体途径进入中柱，最后经质外体扩散到导管。根部吸收的无机氮，大部分在根系内部通过复杂的生化反应转化为有机氮化物，一部分留在根内，大部分通过木质部的导管随着蒸腾流以氨基酸和硝态氮的形式上升到地上部分。氮元素进入地上部后，不断参与循环，被再次利用。参与循环的氮元素在植物体内，大多数分布于代谢旺盛的部位及地下贮藏器官。在植物生育后期，氮元素会在落叶之前回流至根部贮藏起来，为下一年的葡萄植株生长提供养分。植物的氮源主要是硝酸盐和铵盐等无机氮化物，它们广泛存在于土壤中。植物从土壤中吸收的铵盐可以直接参与反应，而吸收的硝酸盐则须经过代谢还原才能利用。硝酸盐在植物活细胞内的还原包括两个反应，一个是硝酸盐的还原过程，另一个是亚硝酸盐的还原过程。施入土壤的氮肥在土壤内经过一系列化学反应，被植物根系吸收利用，且氮素可以被反复循环利用。因此，施入的标记肥料会在葡萄植株体内有所残留，并且经过两年的循环利用，^{15}N 在葡萄植株体内会有所累积。

本节在 2017—2018 年选择的田间地块连续进行试验，并且用 ^{15}N 标记的氮肥代替常规肥料，随水施肥，研究不同水肥耦合条件下氮素在土壤内的累积变化，以及 ^{15}N 在土壤内的累积、标记氮肥在葡萄植株体内的累积变化，比较两年的氮肥利用率，并且结合两年的数据分析作物吸氮量与产量、干物质量及氮肥利用率的相关关系。

一、不同水肥耦合下土壤氮素含量的累积

表 6 - 10 反映不同水肥耦合下 2017—2018 年不同土层深度土壤全氮含量。无论 2017 年还是 2018 年，随土层深度的增加，土壤全氮含量整体上呈现减少的趋势。0～5cm 表层土壤全氮含量很高，主要是浅层土壤内根系分布很少，不能被根系充分吸收；同时，由于在距离滴头 60～150cm 的表层土壤覆膜和土壤水分蒸发的影响，有一部分氮素随水分运移至此处，水分蒸发后氮素在此聚集，因此，表层土壤全氮含量较高。经过两年的氮素累积，不同土层的土壤全氮含量并没有全部减小，部分土层有所增加，主要是由于养分运移至此处没有被根系充分吸收利用所致。在低水高肥处理下，各土层的土壤全氮含量整体上最高，可能是由于土壤溶液浓度较高，影响了根系对氮素的吸收。

表 6 - 10 不同处理下 2017—2018 年不同土层深度土壤全氮含量比较

单位：%

年份	处理	0～5cm	5～20cm	20～40cm	40～60cm	60～80cm	80～100cm
	C1	0.071	0.032	0.017	0.014	0.012	0.007
	C2	0.088	0.044	0.027	0.026	0.027	0.037
2017 年	C3	0.093	0.037	0.049	0.045	0.042	0.026
	C4	0.039	0.039	0.031	0.021	0.018	0.004
	C5	0.077	0.039	0.033	0.032	0.024	0.008
	C6	0.093	0.036	0.035	0.030	0.026	0.032
	C1	0.074	0.031	0.016	0.010	0.013	0.005
2018 年	C2	0.078	0.041	0.031	0.030	0.028	0.034
	C3	0.102	0.039	0.047	0.042	0.031	0.021

（续）

年份	处理	0～5cm	5～20cm	20～40cm	40～60cm	60～80cm	80～100cm
	C4	0.037	0.038	0.032	0.023	0.028	0.010
2018 年	C5	0.081	0.039	0.034	0.028	0.019	0.014
	C6	0.088	0.042	0.035	0.031	0.016	0.027

表 6 - 11 反映了不同水肥耦合下 2017—2018 年不同土层深度土壤^{15}N 丰度。无论 2017 年还是 2018 年，随土层深度的增加，土壤^{15}N 丰度整体上呈现减少的趋势。经过两年的累积，各处理下的土壤不同土层深度^{15}N 丰度均有一定程度的增加，说明施入土壤的肥料并不能被充分利用，会有不同程度的溶解、淋洗等损失。在 60～100cm，低灌水量处理下的土壤^{15}N 丰度较高，累积得较多，可能是由于施入的标记氮肥被淋洗到深层土壤，而在此土层深度内土壤水分含量较低，根系分布较少，吸收利用的氮量较少。在主根区（20～60cm）土层深度范围内，累积较少，随水施入的标记氮肥被吸收利用得最充分，且高灌水量处理土壤^{15}N 累积要比低灌水量处理要少，说明提高灌水量有利于氮肥利用率的提高。0～20cm 表层土壤^{15}N 累积较高，其原因和表层土壤氮素累积的原因相同，即浅层土壤内根系分布很少，标记氮肥不能被根系充分吸收；同时，由于在距离滴头 60～150cm 的表层土壤覆膜和土壤水分蒸发的影响，有一部分氮素随水分运移至此处，水分蒸发后氮素在此聚集，因此^{15}N 丰度较高。

表 6 - 11 不同处理下 2017—2018 年不同土层深度土壤^{15}N 丰度比较

单位：%

年份	处理	0～5cm	5～20cm	20～40cm	40～60cm	60～80cm	80～100cm
	C1	0.499	0.482	0.457	0.451	0.440	0.438
	C2	0.510	0.424	0.423	0.419	0.387	0.372
2017 年	C3	0.537	0.492	0.436	0.445	0.415	0.376
	C4	0.547	0.504	0.447	0.459	0.432	0.417
	C5	0.502	0.448	0.399	0.386	0.372	0.366
	C6	0.530	0.457	0.453	0.425	0.402	0.395
	C1	0.504	0.487	0.462	0.456	0.444	0.442
	C2	0.515	0.428	0.424	0.423	0.391	0.376
2018 年	C3	0.542	0.497	0.440	0.449	0.419	0.380
	C4	0.552	0.509	0.451	0.464	0.436	0.421
	C5	0.507	0.452	0.403	0.390	0.376	0.370
	C6	0.535	0.462	0.458	0.429	0.406	0.399

二、不同水肥耦合下葡萄氮素含量的累积

表 6 - 12 反映了不同水肥耦合下 2017—2018 年葡萄植株各器官 ^{15}N 丰度。与 2017 年相比，2018 年根系和茎干部位的 ^{15}N 丰度有所增加，说明 2017 年吸收的标记氮肥在根系和茎干部位均有所残留，第二年再次被循环利用，这是由于氮素在葡萄植株体内形成不稳定化合物，不断合成与分解，参与循环。两年间葡萄茎干器官的 ^{15}N 丰度未呈现增长累积趋势，主要是由于在生育后期落叶之前，叶片内的氮素大部分会回流到根系贮存起来，一部分氮素会随落叶进入土壤，参与土壤内的氮循环。对果实而言，成熟后的果实会带走一部分 ^{15}N，而这部分氮素则不再参与第二年的循环利用，果实部位的 ^{15}N 丰度取决于当季的标记氮肥的吸收分配率。

表 6 - 12　不同处理下 2017—2018 年葡萄植株各器官 ^{15}N 丰度比较

单位：%

处理	2017 年植株各部位 ^{15}N 丰度				2018 年植株各部位 ^{15}N 丰度			
	根系	茎干	叶片	果实	根系	茎干	叶片	果实
C1	0.424	0.501	0.526	0.667	0.442	0.511	0.521	0.668
C2	0.451	0.527	0.556	0.696	0.470	0.538	0.550	0.697
C3	0.468	0.525	0.573	0.713	0.488	0.536	0.567	0.714
C4	0.433	0.510	0.535	0.676	0.451	0.520	0.530	0.677
C5	0.458	0.535	0.562	0.702	0.477	0.546	0.556	0.703
C6	0.473	0.530	0.578	0.719	0.493	0.541	0.572	0.720

三、不同水肥耦合下氮肥利用率比较

从表 6 - 13 可以看出，2017—2018 年，低灌水处理下，葡萄植株整株氮肥利用率均随施肥量的增加呈现先增后减的变化趋势；2017 年在高灌水量处理下，随施肥量的增加葡萄植株氮肥利用率降低，但 2018 年，随施肥量的增加葡萄植株氮肥利用率呈先增后减的变化趋势。2017 年和 2018 年氮肥利用率最高对应的处理并不相同，2017 年为 C4，2018 年为 C5。由于影响氮肥利用率的因素有很多，且因素之间可能存在交互作用，加上试验和其他条件限制，不能对氮肥利用率进行深入分析。整体上，氮肥利用率在高灌水量处理下的值要高于低灌水量处理下的值。

表 6 - 13　不同处理下 2017—2018 年整株氮肥利用率比较

单位：%

年份	C1	C2	C3	C4	C5	C6
2017 年	12.862	14.401	13.087	18.262	18.201	17.740
2018 年	12.253	14.660	12.971	16.820	17.478	15.831

四、葡萄植株吸氮量与产量和氮肥利用率的相关关系

2017 年，在试验区选取典型葡萄种植地块，借助 ^{15}N 同位素示踪技术，研究不同水肥耦合下氮素在葡萄植株器官位的含量、来源、分配，以及氮肥利用率；2018 年在 2017 年试验的基础上继续进行研究。通过对指标的分析发现，不同处理对作物氮素吸收利用率的影响存在一定的差异。具体结果在第六章第三节不同水肥耦合对葡萄植物氮素吸收利用的影响部分有详细论述，在此不再赘述。

本文将采用 2017 年试验和 2018 年试验结果，进一步对氮素吸收量与产量、干物质量之间做相关性研究。

通过图 6-8 可以发现，2017 年、2018 年试验结果表明，在葡萄采收期，吸氮量与产量之间均具有较好的一元线性关系，决定系数分别为 0.915（$P<$ 0.05）、0.894（$P<0.05$）。

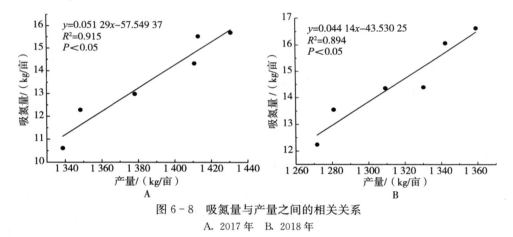

图 6-8　吸氮量与产量之间的相关关系
A. 2017 年　B. 2018 年

通过图 6-9 可以发现，2017 年和 2018 年的试验均表明，在葡萄采收期，吸氮量与干物质量之间具有较好的一元线性关系，决定系数分别为 0.893（$P<0.05$）、0.905（$P<0.05$）。这说明通过干物质量的观测可以间接地反映出试验区葡萄对氮素的吸收情况，同时也说明只有提高了作物吸氮量，满足了作物对氮素的需求，才能更好地增加作物产量。

同时，对 2017 年和 2018 年试验的作物吸氮量与作物氮肥利用率之间进行相关性分析，通过图 6-10 可以发现在葡萄采收期，作物吸氮量与氮肥利用率之间具有较好的相关关系，决定系数分别为 0.882（$P<0.05$）、0.862（$P<0.05$）。这说明作物吸收的氮素对生长发育起着非常重要的作用，同时也说明采用合理的水肥耦合能促进作物对氮素的吸收利用，提高肥料利用率。

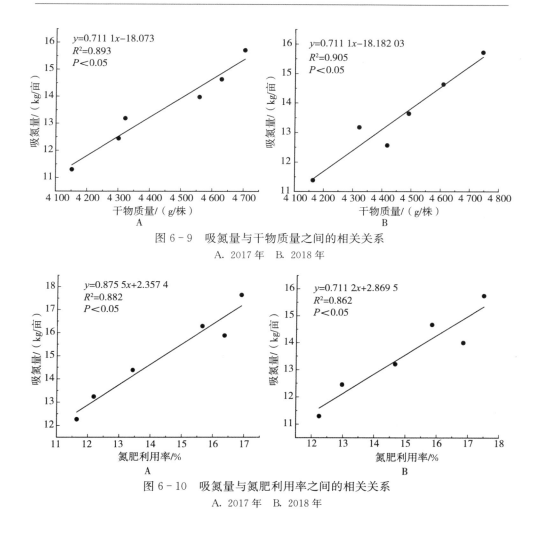

图 6-9　吸氮量与干物质量之间的相关关系

A. 2017 年　B. 2018 年

图 6-10　吸氮量与氮肥利用率之间的相关关系

A. 2017 年　B. 2018 年

第五节　本章小结

　　本章主要通过 2017—2018 年田间试验，探讨在覆膜滴灌技术下，不同灌水量和不同施肥量对弗雷无核葡萄产量的影响；分析不同水肥耦合下氮素在土壤中的分布和迁移规律，在葡萄植株各器官的含量、来源、分配，以及氮肥利用率；并在两年田间试验的基础上分析各指标之间的相关关系。主要结论及研究成果如下：

　　第一，不同处理下，在 0～40cm 土层土壤全氮含量高，氮素分布较为集中；在 40～100cm 土壤全氮含量分布则很均匀；距滴头 60～150cm 范围内的表层土壤有不同程度的氮素富集。当灌水量为 $330m^3/$ 亩，随施肥量增大，深层土壤的 ^{15}N 丰度越大；当增大灌水量至 $360m^3/$ 亩时，随施肥量增大，土壤的 ^{15}N 丰度分布较为均匀。

第二，高水高肥处理（灌水量为 $360m^3/$ 亩、施肥量为 $120kg/$ 亩）下的根系和茎干全氮含量最高，叶片和果实的氮素积累趋势大致相同，均以高水高肥处理（灌水量为 $360m^3/$ 亩，施肥量为 $120kg/$ 亩）下的全氮含量最高。从整个葡萄植株来看，不同水肥耦合下，根系的全氮含量最高；根系和果实中的 ^{15}N 丰度较高，而茎干和叶片中的 ^{15}N 丰度则低一些。

第三，果实和叶片对 ^{15}N 有较强的征调能力，肥料贡献率高于根系和茎干中的值，而根系和茎干对 ^{15}N 的征调能力则较低。果实和根系的氮肥分配率要显著高于其他器官。灌水量为 $360m^3/$ 亩、施肥量为 $100kg/$ 亩时，整株的氮肥利用率最高，达 17.840%。

第四，在葡萄采收期，作物吸氮量与产量、干物质量、氮肥利用率间均具有较好的一元线性关系，通过干物质量的观测可以间接地反映出试验区葡萄对氮素的吸收情况，采用合理的水肥耦合能促进作物对氮素的吸收利用，提高肥料利用率。

参 考 文 献

[1] Chapman S K, Langley J A, Hart S C, et al. Plants actively control nitrogen cycling: uncorking the microbial bottleneck [J]. New Phytologist, 2006, 169 (1): 27-34.

[2] Chowdary V M, Rao N H, Sarma P B S. A coupled soil water and nitrogen balance model for flooded rice fields in India [J]. Agriculture, Ecosystems & Environment, 2004, 103 (3): 425-441.

[3] DeCrappeo N M, DeLorenze E J, Giguere A T, et al. Fungal and bacterial contributions to nitrogen cycling in cheatgrass - invaded and uninvaded native sagebrush soils of the western USA [J]. Plant and Soil, 2017, 416 (1-2): 271-281.

[4] 杜君, 臧明, 雷宏军, 等. 不同增氧水平对夏玉米生长及氮素利用的影响 [J]. 核农学报, 2019, 33 (3): 600-606.

[5] 黎星, 程慧煌, 曾勇军, 等. 不同时期超级杂交稻光合特性及氮素利用效率研究 [J]. 核农学报, 2019, 33 (5): 978-987.

[6] Karlen D L, Hunt P G, Matheny T A. Fertilizer ^{15}Nitrogen recovery by corn, wheat, and cotton grown with and without pre - plant tillage on Norfolk loamy sand [J]. Crop science, 1996, 36 (4): 975-981.

[7] Mmolawa K, Or D. Root zone solute dynamics under drip irrigation: A review [J]. Plant and Soil, 2000, 222 (1): 163-190.

[8] 华珞，韦东普，白玲玉，等．氮锌硒肥配合施用对白三叶的固氮作用与氮转移的影响[J]．生态学报，2001，21（4）：588-592．

[9] 李玉平，江小清，刘苑秋．碳、氮同位素示踪法在农林业中的应用[J]．江西科学，2007，25（5）：582-587．

[10] 史祥宾，杨阳，翟衡，等．不同时期施用氮肥对巨峰葡萄氮素吸收、分配及利用的影响[J]．植物营养与肥料学报，2011，17（6）：1444-1450．

[11] 赵林，姜远茂，彭福田，等．嘎拉苹果对春施^{15}N-尿素的吸收、利用与分配特性[J]．植物营养与肥料学报，2009，15（6）：1439-1443．

[12] 姜佰文，王春宏，单德鑫，等．应用^{15}N研究施氮时期对寒地不同品种水稻氮吸收和分配的影响[J]．东北农业大学学报，2005（2）：142-146．

[13] 鲁彩艳，马建，陈欣，等．不同施肥处理对连续三季作物氮肥利用率及其分配与去向的影响[J]．农业环境科学学报，2010，29（2）：400-406．

[14] 党廷辉，蔡贵信，郭胜利，等．用^{15}N标记肥料研究旱地冬小麦氮肥利用率与去向[J]．核农学报，2003（4）：280-285．

[15] 赵广才，李春喜，张保明，等．不同施氮比例和时期对冬小麦氮素利用的影响[J]．华北农学报，2000（3）：99-102．

[16] 晏娟，尹斌，张绍林，等．不同施氮量对水稻氮素吸收与分配的影响[J]．植物营养与肥料学报，2008（5）：835-839．

[17] 赵凤霞，姜远茂，彭福田，等．甜樱桃对^{15}N尿素的吸收、分配和利用特性[J]．应用生态学报，2008（3）：686-690．

[18] 尚兴甲，王梅芳，付宝余．运用同位素^{15}N研究冬小麦不同时期追施尿素的效果及氮肥的利用率[J]．土壤肥料，2001（6）：9-11+20．

[19] 管长志，曾骧，孟昭清．巨峰葡萄晚秋叶施^{15}N-尿素的吸收、运转、贮藏和再分配[J]．园艺学报，1993（3）：237-242．

[20] 彭福田，张青，姜远茂，等．不同施氮处理草莓氮素吸收分配及产量差异的研究[J]．植物营养与肥料学报，2006（3）：400-405．

[21] 马文娟，同延安，高义民．葡萄氮素吸收利用与累积年周期变化规律[J]．植物营养与肥料学报，2010，16（2）：504-509．

[22] 汪新颖，周志霞，王玉莲，等．不同施肥深度红地球葡萄对^{15}N的吸收、分配与利用特性[J]．植物营养与肥料学报，2016，22（3）：776-785．

[23] 周兴本，郭修武，王丛丛，等．水肥配比对葡萄生长发育及^{15}N-硫酸铵吸收分配利用的影响[J]．干旱地区农业研究，2015，33（2）：183-190．

[24] Du S P, Kang S Z, Li F S, et al. Water use efficiency is improved by alternate partial root-zone irrigation of apple in arid northwest China [J]. Agricultural Water Management，2017，179：184-192．

[25] Dinh H T, Watanable K, Takaragawa H，et al. Effects of drought stress at early growth stage on response of sugarcane to different nitrogen application [J]. Sugar Tech，2018，20（4）：420-430．

［26］ 王纯阳. 基于近红外光谱的单籽粒水稻种子品质检测的方法研究 ［D］. 合肥：中国科学技术大学，2017.

［27］ 王永杰，张江辉，王全九，等. 葡萄地上干物质量确定研究 ［J］. 干旱地区农业研究，2013，31（5）：257 - 263.

［28］ 王秋萍. 几种主要果树的果园测产方法 ［J］. 科学种养，2014（7）：23.

［29］ 赵登超，姜远茂，彭福田，等. 冬枣秋季不同枝条叶施^{15}N - 尿素的贮藏、分配及再利用 ［J］. 核农学报，2007，21（1）：87 - 90.

［30］ 谢海霞，陈冰，文启凯，等. 氮、磷、钾肥对"全球红葡萄"产量与品质的影响 ［J］. 北方园艺，2005（4）：73 - 74.

［31］ 张芳芳，韩明玉，张立新，等. 红富士苹果对初夏土施^{15}N - 尿素的吸收、分配和利用特性 ［J］. 果树学报，2009，26（2）：135 - 139.

第七章
水肥耦合对滴灌葡萄生理变化的影响

　　水和肥是农业生产中两个最重要的物质资源。土壤物理化学作用、土壤微生物活动与植物体内的生理生化过程，这三个活动过程直接受水分有效性的影响。水作为肥料在土壤中运移的媒介，在随水施肥过程中，土壤和肥料之间会发生运移、扩散等一系列的反应，从而把养分很好地提供给作物[1-2]，因此，水是促使肥料效力发挥的关键因素。土壤在极端缺水的条件下，合理地进行施肥对土壤中水势以及自身蓄水保墒能力的提高是大有好处的[3-4]，这样土壤水分的有效性也得到了提高，把原来部分对植物生长"无效"的水变为"有效"的水，以使植物能够吸收利用更多有效的土壤水分，因此，肥料是能够打开土壤系统生产和效能的钥匙[5-6]。极端干旱条件下，施肥可以有效地促进植物吸收利用土壤水分，且能够促使土壤贮水被作物吸收利用（尤其是对深层贮水的利用）；施肥水平的提高，使肥料更多地被土壤吸纳，土壤水势、水分贮存量增加，作物能够更加方便吸收利用肥料，从而提高土壤水分被作物利用的能力[7-9]。在影响葡萄生长的所有因子中，水、肥两因子起着决定性的作用[10-12]。

　　光合作用速率常用来表征植物生理性状，作物光合速率变化强弱依赖于水分的供应[13]。在不同水分条件下[14]，施肥增加叶片气孔导度和叶肉细胞 CO_2 同化能力，能使细胞光合活性增强，从而提高叶片的光合速率。干旱区作物受到水分胁迫会引起光合作用减弱，也是导致作物减产的一个主要原因[15]。当作物受到水分胁迫时，叶片气孔阻力明显变大，对光合作用产生不利影响[16]，但由于叶肉细胞的光合活性增强，净光合速率仍然提高，糖分浓度依然增加[17-18]。当叶片未达到光饱和水平时，适量增加氮肥可以提高叶片光合速率，增加光合产物。但当叶片达到光饱和水平后继续增加施氮量，光合速率会受到抑制而不再增加，甚至降低。磷肥不仅可以促进植物生理生长，而且可以提高作物的抗旱性。钾肥能够调节水分代谢，影响气孔运动，调节蒸腾作用，促进新生光合产物的运输。因此，施肥量过大过小都不利于作物的吸收利用，水分和养分之间不仅存在着协同作用还存在着拮抗作用，均对果实的形成产生不同程度的影响。当水肥配比合理时，水分和养分会促进作物生长，提高作物光合效率，提高作物产量和经济效益。

葡萄营养生长的好坏主要通过生长与生理特征来反映，同时它也是制定田间灌溉制度、管理措施和评价灌水效果的重要依据。不同地区生长的葡萄的生长发育过程和生理特性不尽相同，营养器官生长的好坏直接影响到生殖器官的发育，植株的营养生长被限制，导致植株发育矮小瘦弱，生殖器官发育受限，最终引起果实发育迟缓，导致产量低[19]。葡萄枝叶生长旺盛是葡萄高产、稳产的前提，水分和养分对葡萄的综合效应通过葡萄植株复杂的生理过程而起作用，水分和养分供给不足或过量均会引起植物系统内的生理反应，进而影响葡萄的生长状况，因此，水肥耦合对葡萄生理变化的影响是重要研究内容。

国内外专家学者在水肥耦合这个领域已经取得了丰硕的研究成果[20-23]，但大都集中在小麦、番茄、棉花、玉米等作物[24-29]，而对葡萄在这方面的研究则是比较少见的，且关于滴灌技术在葡萄上的应用及研究伴随着滴灌技术和灌溉模式的演进不断地被报道和推广[30-32]。本章试验设置两种灌溉制度、三种施肥量，共六个水肥组合，通过采用滴灌灌水施肥的方式来开展大田试验，分别在果粒膨大期、果粒成熟期、采收期，通过监测葡萄树光合特性指标（气孔导度、光合速率、蒸腾速率、胞间二氧化碳浓度），分析不同水肥耦合对滴灌葡萄各生育阶段生理变化的影响。通过对葡萄生长生理状况进行系统的研究，探索水肥协同影响作用，这对提高水肥有效利用率和指导实际生产具有重要意义。研究可为新疆葡萄节水灌溉施肥技术提供有利的参考，有效缓解当地水资源紧缺形势，提高水和肥的利用率，实现葡萄高产高效。

第一节　研究方案与试验方法

一、试验区基本情况

试验区位于新疆生产建设兵团石河子果品公司一站 2#地（86°00′E～86°15′E、44°22′N～44°50′N），年降水量 106.1～178.3mm，年潜在蒸发量 1 722.5～2 260.5mm，试验区概况详见第二章第二节试验区基本情况。土壤质地为砂壤土，各土层主要物理性质、养分及颗粒组成详见表 6-1、表 4-2。

1. 试验区气象资料

考虑野外试验架设田间气象站的不确定性，试验区又处于石河子气象站和炮台气象站之间，距离较近，都处于天山北坡、准噶尔盆地南缘，气候变异性不大，因此，将收集石河子气象站和炮台气象站的数据作为试验区的气象条件，详见第六章表 6-2。

2. 试验设计与处理

试验区采用弗雷无核葡萄进行试验，该品种表现为果穗大小中等，颗粒均匀，颜色鲜艳，风味甜美，可溶性固形物含量 20％以上，品质良好，且葡萄树产量高，耐储运，抗病能力强，是石河子垦区主要葡萄品种之一（图 7-1）。

图 7-1　弗雷无核葡萄

葡萄树龄分别为 11 年、12 年，属于葡萄丰产树龄。葡萄种植株距 1.5m，行距 3m，排架种植，具有较好代表性。葡萄开墩、除草、整枝、打药、中耕、冬埋等一系列过程按当地传统技术统一进行。

本章主要于 2017—2018 年研究葡萄生理指标及产量受水肥耦合作用的影响。结合 2016 年试验结论，采用 20cm×80cm（沟深×沟宽）开沟模式。考虑到施肥处理变化，试验小区采用首部安装球阀、水表、独立的施肥系统来控制灌水和施肥。按照葡萄生育期阶段（表 4-5），本研究于 6 月 5 日进行一次施^{15}N 标记氮肥（上海化工研究院生产的尿素，其丰度为 5.16％），每个处理选取两棵有代表性葡萄树，在葡萄树根区施肥，并做好标记，其余施肥均施用常规尿素。设置两个灌水处理、三个施肥处理，试验小区设计见表 6-3，详细灌溉制度见表 6-4。试验于 5 月 8 日、6 月 5 日、7 月 3 日分三次随水施肥。

二、监测指标与方法

1. 葡萄光合特性测定

采用 LCpro＋国产便携式光合作用测定系统（北京易科泰生态技术有限公司）测定葡萄的光合指标，包括叶片气孔导度、蒸腾速率、光合速率和胞间二氧化碳浓度等。每个处理选取两棵葡萄树，分别于 2017 年果粒膨大期、果粒成熟期、采收期（天气晴朗日，空气相对湿度均为 60％～75％），10：00—20：00时段内在每棵植株上分别选取上、中、下 3 个枝条，并在每个枝条上选取倒5 叶且向阳的 1 枚叶片进行测定，每个处理共测 6 枚叶片并取其平均值；每小时换 1 枚叶片，保证叶面的采光，同时避免叶片灼伤。

2. 葡萄产量测定

每个处理中随机选取 10 串果穗，同时称取果穗重量，取 10 串果穗重量平均值作为各处理单串果穗的重量，同时计算出田间每个处理的株数和每株葡萄的果穗数，计算每个处理的平均果穗数，每个处理的产量用每个处理的平均果穗串数乘以各处理果穗的平均重量。

三、统计分析工具

多变量统计分析软件采用 SPSS 13.0、Origin 8.5、Microsoft Excel，图像处理采用 Photoshop 软件。

第二节 水肥耦合对滴灌葡萄各生育阶段气孔导度的影响

一、果粒膨大期气孔导度日变化特征

同水异肥处理下果粒膨大期叶片气孔导度变化见图 7-2，两种灌水量处理下气孔导度均呈先增后减的趋势。各处理下叶片气孔导度均在 14：00—16：00 出现低谷，达到光合午休状态。随着施肥量的增加，低水处理下的气孔导度均呈现增加的趋势，但高水高肥处理下气孔导度反而下降，说明高水处理下施肥过量并不利于作物叶片气孔导度的增大。

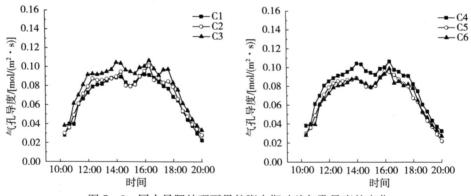

图 7-2　同水异肥处理下果粒膨大期叶片气孔导度的变化

同肥异水处理下果粒膨大期叶片气孔导度的变化见图 7-3，低水低肥处理下和高水低肥处理下叶片气孔导度随时间变化呈现相同的变化规律，各时刻气孔导度相差不大。中肥和高肥处理下，高水处理进入光合午休的时间晚于低水处理，而中肥处理下气孔导度变化更稳定，总体上灌水量大，气孔导度大。

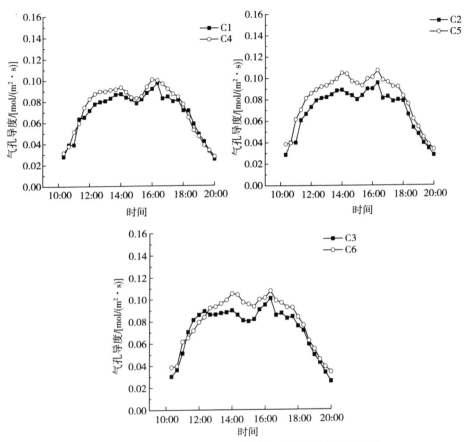

图 7-3　同肥异水处理下果粒膨大期叶片气孔导度的变化

二、果粒成熟期气孔导度日变化特征

同水异肥处理下果粒成熟期叶片气孔导度的变化见图 7-4，在该生育阶段内气孔导度随着时间的变化呈现波动变化特征。低水处理下，随着施肥量的变化，各时刻气孔导度差异不大，均呈波动变化。高水处理下，随着施肥量的增加，对气孔导度的影响效果总体呈现先增大后减小的趋势，其中中肥处理对气孔导度的作用最佳，各时刻气孔导度均达到最高；低肥处理和高肥处理变化趋势一致，各时刻气孔导度差异很小。这说明中肥处理下更有利于植物对矿物元素的吸收利用，促进植物的有效蒸腾及提高光合速率。

同肥异水处理下果粒成熟期叶片气孔导度的变化见图 7-5。由图可以看出，低肥处理下，18：00 之前低水处理气孔导度高于高水处理，18：00 之后其气孔导度变化差异不明显。中肥处理下，高水处理在 14：00 之前气孔导度高

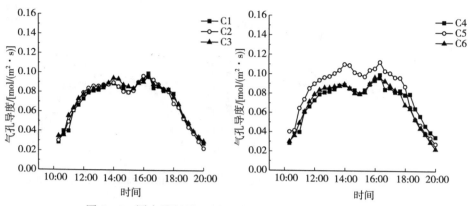

图 7-4　同水异肥处理下果粒成熟期叶片气孔导度的变化

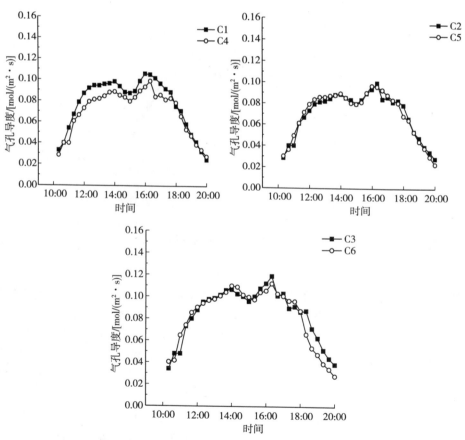

图 7-5　同肥异水处理下果粒成熟期叶片气孔导度的变化

于低水处理，14∶00 之后这两者气孔导度变化差异不明显。高肥处理下，14∶00
之前两种灌水处理下气孔导度基本相同，14∶00 之后低水处理的气孔导度基
本优于高水处理；且两种灌水处理气孔导度均呈波动变化，各时刻气孔导度变
化不大。这说明低肥处理下，灌水量对植物的气孔导度影响明显，高水处理会
提高植物的有效蒸腾率和光合速率。

三、采收期气孔导度日变化特征

同水异肥处理下采收期叶片气孔导度的变化见图 7-6。由图可以看出，
各处理下叶片气孔导度整体呈现先增加后减小的趋势。低水处理下，各施肥处
理随着时间的变化气孔导度呈现波动变化规律，处理之间变化不明显。高水处
理下，各施肥处理不同时刻的气孔导度维持稳定变化，变化幅度较小，但随着
施肥量的增加气孔导度略有增加，说明高水处理下增加施肥量可以促进叶片气
孔导度，有利于叶片与大气之间进行气体交换，加快光合速率。

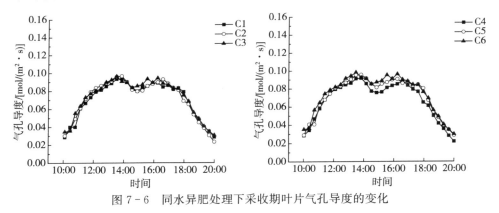

图 7-6　同水异肥处理下采收期叶片气孔导度的变化

同肥异水处理下采收期叶片气孔导度的变化见图 7-7。由图可以看出，
三种施肥梯度处理下，低水处理与高水处理在各时刻气孔导度基本相同，整体

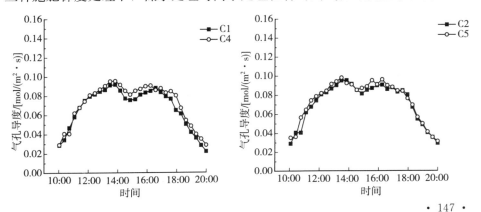

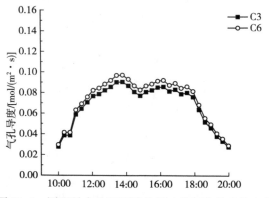

图 7-7　同肥异水处理下采收期叶片气孔导度的变化

气孔导度呈现先增后降趋势，且变化幅度较小。这是由于采收期枝条逐渐成熟，叶片逐渐衰老，叶片中的叶绿素逐渐被降解，减弱了光合作用，降低了叶片气孔导度。因此，在采收期可以适当地减少灌水量和施肥量，保证作物能够进行正常的新陈代谢，提高水肥利用率。

第三节　水肥耦合对滴灌葡萄各生育阶段光合速率的影响

一、果粒膨大期光合速率日变化特征

　　同水异肥处理下果粒膨大期叶片光合速率的变化见图 7-8。由图可以看出，低水处理下光合速率随着时间的变化整体呈现先增大后减小的趋势，13：00 左右光合速率出现最大值；随着施肥量的增加，光合速率呈先增后减的趋势，高肥处

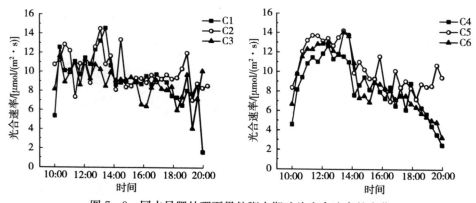

图 7-8　同水异肥处理下果粒膨大期叶片光合速率的变化

理的叶片光合速率略低于中肥处理，这可能是由于施肥量过大时会引起离子载体的饱和效应，土壤中过量的肥并不能够被作物所吸收，反而会抑制作物的光合速率。高水处理下，光合速率随着时间的变化整体呈现先增后降的趋势，最大值可以达到 $14.5\mu mol/(m^2 \cdot s)$；随着施肥量的增加光合速率呈现先增后减的趋势，高肥处理的光合速率小于中肥处理。这说明低水低肥和低水中肥处理更有利于光合速率的提高，而低水高肥处理对光合速率产生抑制作用；在高水处理下增加施肥量可以提高光合速率，但中肥处理的光合速率达到最大。

　　同肥异水处理下果粒膨大期叶片光合速率的变化见图 7-9。由图可以看出，高水低肥和高水中肥处理下各时刻叶片的光合速率高于低水低肥和低水中肥处理，而低水高肥和高水高肥处理下各时刻叶片光合速率变化差异不大。这是由于水和肥都是光合作用的原料，两者都间接影响光合作用，低水会引起气孔导度下降，影响二氧化碳进入叶肉细胞，导致光合速率下降。氮是合成叶绿素的主要元素，钾肥和磷肥是糖类代谢的主要原料，当施肥量达到满足糖类的转化和运输条件时，过量的肥料和灌水量对光合速率的影响不大。

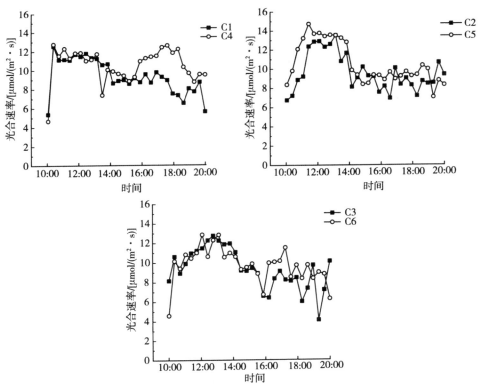

图 7-9　同肥异水处理下果粒膨大期叶片光合速率的变化

二、果粒成熟期光合速率日变化特征

同水异肥处理下果粒成熟期叶片光合速率的变化见图 7 - 10。由图可以看出，该生育阶段内光合速率随时间变化呈现波动变化。低水处理下随着施肥量的增加光合速率变化幅度不大，低肥处理下光合速率比其他两种施肥处理略高，这是由于葡萄进入成熟期后生长及新陈代谢减缓，肥料过量会抑制光合速率。13：00 之后，高水中肥处理下光合速率基本上高于高水低肥和高水高肥处理。

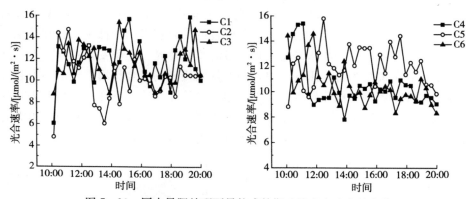

图 7 - 10　同水异肥处理下果粒成熟期叶片光合速率的变化

同肥异水处理下果粒成熟期叶片光合速率的变化见图 7 - 11。由图可以看出，低水低肥处理下各时刻光合速率总体上高于高水低肥处理，高水中肥处理下各时刻光合速率总体上高于低水中肥处理，低水高肥和高水高肥处理下光合速率随时间变化趋势一致，各时刻光合速率相差不大，这是由于葡萄成熟期主要是糖类的合成、转化和运输，肥料养分进入植株体内参与糖类的代谢，促进光合产物的形成，而灌水量主要是影响光合产物输出的速率，因此，施肥量对光合速率的影响作用大于灌水量对光合速率的影响。

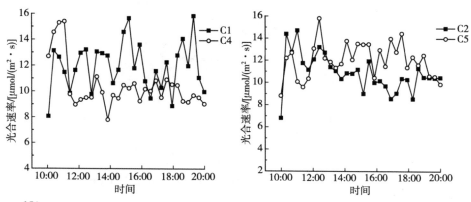

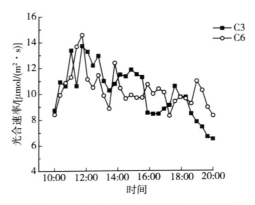

图 7 - 11　同肥异水处理下果粒成熟期叶片光合速率的变化

三、采收期光合速率日变化特征

同水异肥处理下采收期叶片光合速率的变化见图 7 - 12。由图可以看出，在相同灌水量处理下光合速率随着时间的变化整体呈现先增后降的趋势，早晨光合速率迅速增加，其他时刻光合速率均呈现出波动变化的趋势，不同施肥量处理下光合速率相差不大。由于在采收期，枝条成熟甚至有部分衰老，生理生长及新陈代谢速率减慢，蒸腾速率下降，导致气孔导度较小，光合速率降低。

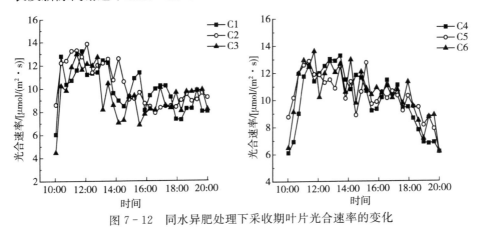

图 7 - 12　同水异肥处理下采收期叶片光合速率的变化

同肥异水处理下采收期叶片光合速率的变化见图 7 - 13。由图可以看出，在相同施肥量处理下，光合速率随着时间的变化呈现先增后降的趋势，在12：00—14：00 达到最大，不同灌水量在各时刻的光合速率变化差异不大。这说明在采收期内灌水量和施肥量对葡萄光合速率的影响不大，土壤水分含量变小，前期施肥的有效部分已经基本被吸收利用，水肥基本满足葡萄的生长需求和新陈代谢，果粒逐渐成熟着色。

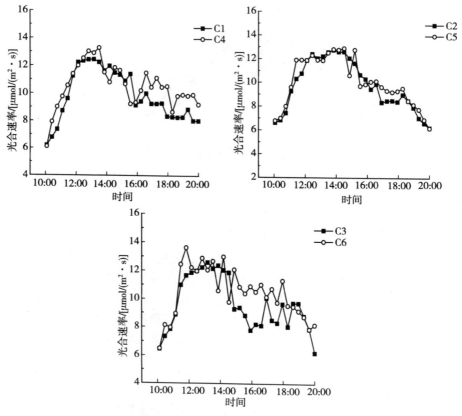

图7-13　同肥异水处理下采收期叶片光合速率的变化

第四节　水肥耦合对滴灌葡萄各生育阶段
蒸腾速率的影响

一、果粒膨大期蒸腾速率日变化特征

同水异肥处理下果粒膨大期叶片蒸腾速率的变化见图7-14。由图可以看出，低水处理下，蒸腾速率随着时间的变化呈现"增—降—增—降"的趋势，在14：00—16：00出现低谷，说明该时段由于光照强烈气孔处于收缩状态；同时，低水处理下蒸腾速率大于中肥处理和高肥处理，这是由于低水中肥和低水高肥处理均使土壤水溶液浓度增加，阻碍了根系对土壤水分的吸收，从而减弱了蒸腾速率。高水处理下蒸腾速率也呈现"增—降—增—降"的趋势，在12：00—14：00出现低谷，但高水高肥处理下蒸腾速率高于高水中肥处理和高水低肥处理，说明在高水处理下增加施肥量可以促进蒸腾，增加气孔导度。

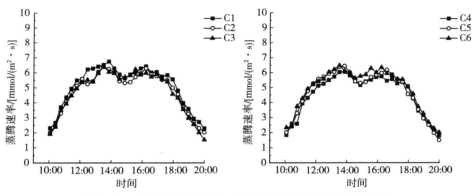

图 7 - 14　同水异肥处理下果粒膨大期叶片蒸腾速率的变化

同肥异水处理下果粒膨大期叶片蒸腾速率的变化见图 7 - 15。由图可以看

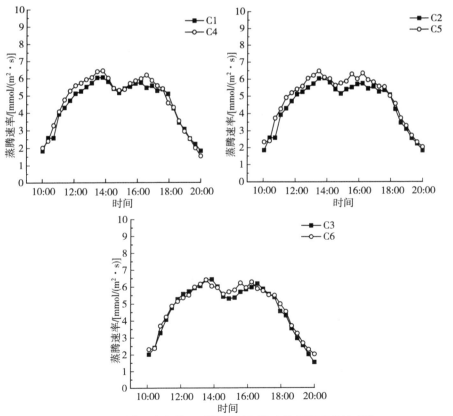

图 7 - 15　同肥异水处理下果粒膨大期叶片蒸腾速率的变化

出，在各施肥处理下蒸腾速率呈现先增后降再增再降的趋势，在 14：00—16：00 蒸腾速率出现低谷。在三种施肥处理下，高水处理下蒸腾速率总体上在各时刻均高于低水处理，说明增加灌水量可以提高蒸腾速率。

二、果粒成熟期蒸腾速率日变化特征

同水异肥处理下果粒成熟期叶片蒸腾速率的变化见图 7 - 16。由图可以看出，在该生育阶段内低水处理和高水处理下蒸腾速率随时间变化呈现"增—减—增—减"的 M 形波动变动，18：00 后各处理蒸腾速率表现一致。低水处理下，10：00—18：00 各处理蒸腾速率随施肥量增加整体呈现降低的变化趋势，这是由于低水高肥处理和低水中肥处理增加了土壤水溶液浓度，抑制了根系的吸水。高水处理下，施肥量提升对蒸腾速率的影响有所增加，但中肥处理与高肥处理的蒸腾速率相差不大，且总体上中肥处理的蒸腾速率略高于高肥处理。这说明相同灌水量处理下，中肥处理无效蒸腾相对较小，光合速率大，更有利于进行光合作用。

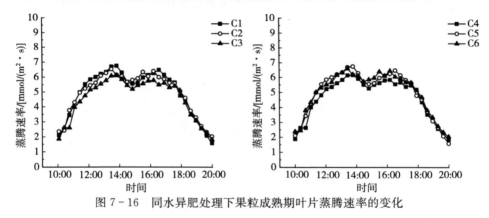

图 7 - 16　同水异肥处理下果粒成熟期叶片蒸腾速率的变化

同肥异水处理下果粒成熟期叶片蒸腾速率的变化见图 7 - 17。由图可以看

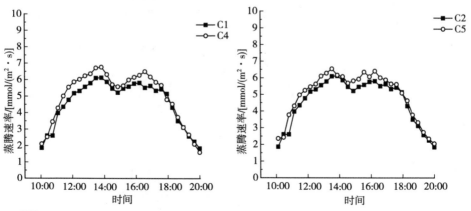

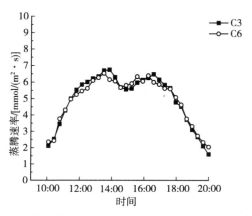

图 7－17　同肥异水处理下果粒成熟期叶片蒸腾速率的变化

出，在低肥处理和中肥处理下，高水处理蒸腾速率高于低水处理，说明低肥处理和中肥处理下增加灌水量可以增加蒸腾速率，提高气孔导度，促进气体的交换。在高肥处理条件下，不同灌水量葡萄叶片蒸腾速率有升有降，但是蒸腾速率峰值大于中肥和低肥处理。

三、采收期蒸腾速率日变化特征

同水异肥处理下采收期叶片蒸腾速率的变化见图 7－18。由图可以看出，在该生育阶段内各处理下蒸腾速率随时间的推移在 $0\sim7\mathrm{mmol}/(\mathrm{m}^2\cdot\mathrm{s})$ 范围内变化。在相同灌水量处理下，各施肥量处理在不同时刻的蒸腾速率相差不大，变化趋势一致。这是由于在采收期内枝条逐渐成熟，生长速率减慢，叶片内叶绿素逐渐被降解，叶绿素含量降低，降低了叶片气孔导度和蒸腾速率。

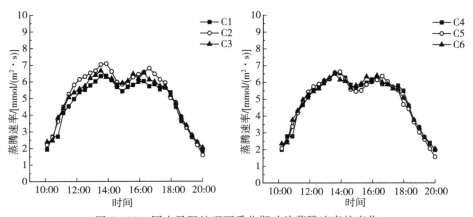

图 7－18　同水异肥处理下采收期叶片蒸腾速率的变化

同肥异水处理下采收期叶片蒸腾速率的变化见图 7 - 19。由图可以看出，在相同施肥量处理下，增加灌水量对采收期叶片蒸腾速率变化的影响较小，这可能是由于到了采收期，灌水频率变小，土壤整体含水量降低，能够维持基本的蒸腾和光合作用，促进葡萄果实成熟。

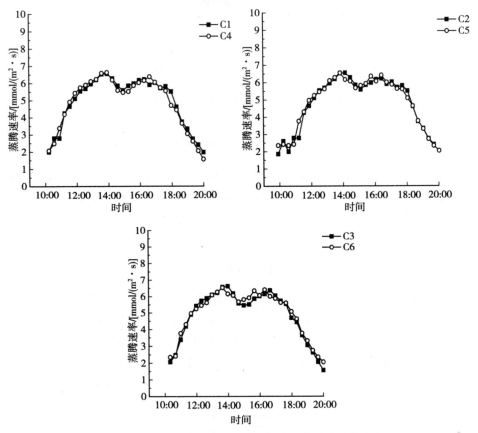

图 7 - 19　同肥异水处理下采收期叶片蒸腾速率的变化

第五节　水肥耦合对滴灌葡萄各生育阶段胞间二氧化碳浓度的影响

一、果粒膨大期胞间二氧化碳浓度日变化特征

同水异肥处理下果粒膨大期叶片胞间二氧化碳浓度的变化见图 7 - 20。由图看出，在低水处理下，胞间二氧化碳浓度随着时间的变化呈现先降后增的趋势，10：00 和 20：00 胞间二氧化碳浓度较高，16：00 左右出现低谷，这是由

于早晚太阳光照强度较弱，光合作用小于呼吸作用，随着光合作用的增强，胞间二氧化碳浓度逐渐下降。低水低肥处理、低水中肥处理、低水高肥处理下，胞间二氧化碳浓度在各时刻无明显差异，随着时间的变化呈现一致的趋势。高水处理下，胞间二氧化碳浓度随时间的推移呈现稳定变化的趋势，在 16：00 左右胞间二氧化碳浓度达到最低值，这是由于光照强烈使叶片气孔收缩，叶片与大气之间的气体交换受到限制。不同施肥处理下，胞间二氧化碳浓度变化趋势一致，各时刻胞间二氧化碳浓度相差不大，胞间二氧化碳浓度由大到小为高水高肥处理、高水中肥处理、高水低肥处理。这说明在相同灌水量下，随着施肥量的增加，胞间二氧化碳浓度呈现增加的趋势，胞间二氧化碳浓度增加可以促进光合作用，进而提高光合效率。

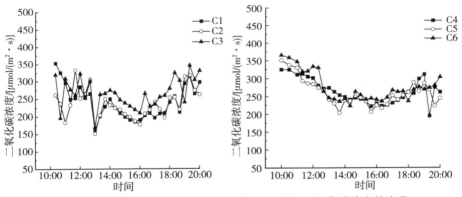

图 7-20　同水异肥处理下果粒膨大期叶片胞间二氧化碳浓度的变化

果粒膨大期同肥异水处理下叶片胞间二氧化碳浓度日变化特征见图 7-21。由图看出，各处理中胞间二氧化碳浓度变化均呈先降后增的趋势。各时刻高水低肥处理的胞间二氧化碳浓度均高于低水低肥处理，这是由于夜间主要以呼吸

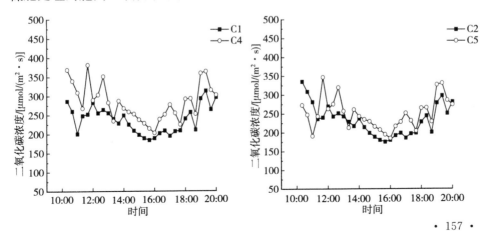

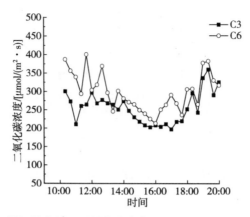

图 7 - 21   同肥异水处理下果粒膨大期叶片胞间二氧化碳浓度的变化

作用为主，胞间二氧化碳浓度较大，灌水量的增加促进了光合及蒸腾作用。
10：00 低水中肥处理的胞间二氧化碳浓度高于高水中肥处理，其余各时刻高水
中肥处理的胞间二氧化碳浓度均高于低水中肥处理。高水高肥处理下各时刻的
胞间二氧化碳浓度均高于低水高肥处理，说明高肥处理下，高水更有利于作物
进行光合作用，促进光合产物的形成。

二、果粒成熟期胞间二氧化碳浓度日变化特征

由图 7 - 22 可知，低水处理下胞间二氧化碳浓度最大值约为 $360\mu mol/(m^2 \cdot s)$；
各处理总体变化趋势一致，随着时间的变化呈现波动变化趋势，在 16：00 左右
出现低谷；随着施肥量的增加，胞间二氧化碳浓度略有增加。高水处理下，胞
间二氧化碳浓度最大值约为 $350\mu mol/(m^2 \cdot s)$，随着时间的变化也呈波动变化趋
势，不同施肥量处理下各时刻呈现波动变化。在相同灌水量水平下，胞间二氧化

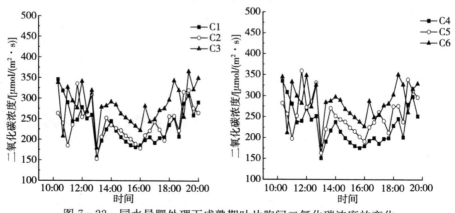

图 7 - 22   同水异肥处理下成熟期叶片胞间二氧化碳浓度的变化

碳浓度随施肥量提高呈现增长变化趋势，这是由于增加施肥量促进了葡萄的根、茎、叶的生长，增大了气孔导度，使叶片与大气之间进行充分的气体交换，空气中的二氧化碳可以不断地通过叶片气孔或角质层间隙进入叶肉细胞的细胞间隙，说明增加施肥量可以提高胞间二氧化碳浓度，从而促进光合作用。

同肥异水处理下果粒成熟期叶片胞间二氧化碳浓度日变化特征见图 7-23。由图可知，低肥处理下胞间二氧化碳浓度随着时间的变化总体上呈现先降低后增加的趋势，随着灌水量的增加各时刻胞间二氧化碳浓度略有增加。中肥处理下胞间二氧化碳浓度随着时间的变化呈现波动变化趋势，总体来看，高水处理下各时刻的胞间二氧化碳浓度高于低水处理。高肥处理下两种灌水量处理各时刻的胞间二氧化碳浓度相差不大，总体上呈现先降低后增加的变化趋势。这说明在相同施肥量处理下，增加灌水量可以提高胞间二氧化碳浓度，但随着施肥量的增加，灌水量对胞间二氧化碳浓度的影响较小，主要是施肥量的影响，因

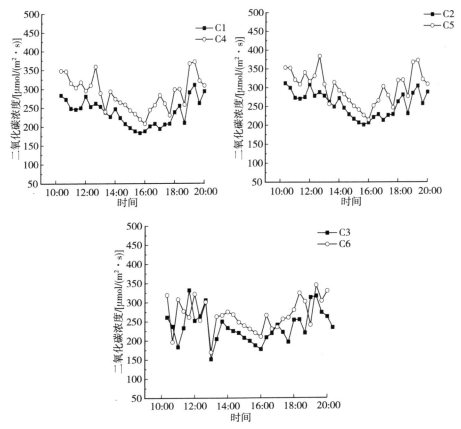

图 7-23　同肥异水处理下果粒成熟期叶片胞间二氧化碳浓度的变化

此，灌水量和施肥量配比合理时，才能提高胞间二氧化碳浓度，进而提高光合速率，促进光合产物的形成。

三、采收期胞间二氧化碳浓度日变化特征

采收期同水异肥处理下叶片的胞间二氧化碳浓度日变化特征见图 7-24。由图可知，胞间二氧化碳浓度随着时间的变化呈现波动变化的趋势，各处理不同时刻的胞间二氧化碳浓度均存在较大的差异。随着施肥量的增加，胞间二氧化碳浓度也呈现波动变化趋势，这可能是葡萄进入采收期，光合速率下降，根、茎、叶对水分和养分的吸收同样也减小。

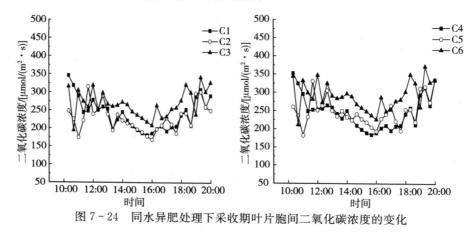

图 7-24　同水异肥处理下采收期叶片胞间二氧化碳浓度的变化

采收期同肥异水处理下叶片的胞间二氧化碳浓度日变化特征见图 7-25。由图可知，在低肥处理下胞间二氧化碳浓度随着时间的变化呈现先降后增的趋势，高水处理下各时刻胞间二氧化碳浓度高于低水处理，说明低肥处理下增加灌水量可以提高胞间二氧化碳浓度。在中肥处理下胞间二氧化碳浓度也呈现先

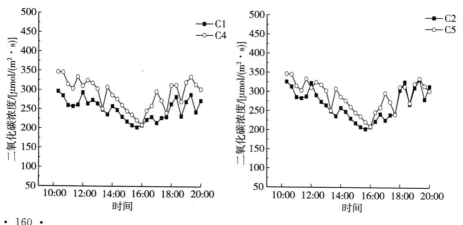

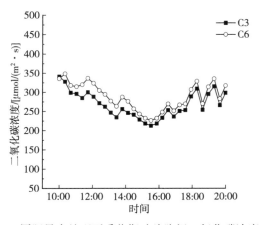

图 7-25　同肥异水处理下采收期叶片胞间二氧化碳浓度的变化

降后增的趋势，在高水处理下胞间二氧化碳浓度较低水处理在 10：00—18：00 有所增长，但 18：00 之后基本保持相同。在高肥处理下胞间二氧化碳浓度随着时间的变化呈现先降低后增加的趋势，高水处理下各时刻胞间二氧化碳浓度较低水处理表现为增长，但增长幅度较低肥处理和中肥处理有所降低。这说明不同施肥水平情况下灌水对胞间二氧化碳浓度的影响程度有所差异，过量的肥料会抑制水分对光合作用的促进作用，适宜的水肥处理才能有利于作物的光合响应。

第六节　水肥处理对滴灌葡萄光合指标的相关性影响分析

一、灌水量和施肥量与光合指标之间的相关性分析

由表 7-1 可知，不同生育阶段内灌水量和施肥量与各光合指标之间表现出不同的相关性。果粒膨大期灌水量与光合速率之间呈极显著相关，施肥量与光合速率呈显著相关，说明该生育阶段内灌水量对光合速率的影响作用大于施肥量。果粒成熟期灌水量与光合速率之间没有达到显著相关性，施肥量与光合速率呈负相关，说明该生育阶段内施肥量对光合速率影响较大，主要是施肥提高了氮素含量，促进了叶片中叶绿素的合成。采收期灌水量和施肥量与光合速率之间均未达到显著相关性，这是由于该生育阶段内叶片的生长速率下降，叶片及茎干中脱落酸含量增加，抑制了光合作用，从而降低了蒸腾速率和光合速率。在果粒膨大期内，灌水量与蒸腾速率呈极显著相关，与气孔导度和胞间二氧化碳浓度呈显著相关；施肥量与蒸腾速率和气孔导度之间均未达到显著相关性，与胞间二氧化碳浓度呈显著相关。在果粒成熟期，灌水量与蒸腾速率、气

孔导度、胞间二氧化碳浓度之间均呈极显著相关；施肥量与蒸腾速率之间呈极显著负相关，与气孔导度、胞间二氧化碳浓度之间呈显著相关，说明灌水量增加有利于提高作物的蒸腾速率、气孔导度，当施肥量增加到一定程度时，对作物的光合效率产生抑制作用。在采收期，灌水量与蒸腾速率之间无显著性相关关系，与气孔导度和胞间二氧化碳浓度均呈显著相关；施肥量与气孔导度、胞间二氧化碳浓度均未达到显著相关性，与蒸腾速率之间呈负显著相关。

表 7-1　灌水量和施肥量与光合指标之间的相关系数

指标	果粒膨大期		果粒成熟期		采收期	
	灌水量	施肥量	灌水量	施肥量	灌水量	施肥量
光合速率	0.637**	0.516*	0.375	−0.613*	0.225	−0.165
蒸腾速率	0.655**	0.363	0.668**	−0.566**	0.063	−0.665*
气孔导度	0.567*	0.279	0.702**	0.563*	0.673*	−0.065
胞间二氧化碳浓度	0.558*	0.637*	0.602**	−0.663*	0.673*	−0.065

注：＊表示显著相关；＊＊表示极显著相关。

二、光合速率与各因子之间的相关性分析

由表 7-2 可知，在不同生育阶段内不同水肥处理下光合速率与各因子之间表现出不同程度的相关性。在果粒膨大期内低水中肥处理、高水低肥处理、高水高肥处理下胞间二氧化碳浓度与光合速率呈正相关，除此之外其余各处理均呈负相关。光合速率与各因子之间在果粒膨大期和采收期内低水高肥处理下呈极显著相关，在果粒成熟期内高水处理下均呈极显著相关。低水低肥处理、高水低肥处理在果粒膨大期内各因子与光合速率之间相关性未达到显著水平，低水中肥处理、低水高肥处理在果粒成熟期内各因子与光合速率之间相关性未达到显著水平，低水低肥处理、高水低肥处理、高水高肥处理下在采收期内各因子与光合速率之间相关性未达到显著水平。在果粒膨大期内高水高肥处理下气孔导度与光合速率之间相关性达到极显著水平，在果粒成熟期内高水低肥处理、高水中肥处理下各因子与光合速率之间相关性均达到极显著水平，在采收期内低水中肥处理的蒸腾速率、气孔导度与光合速率之间相关性均达到极显著水平。其他各处理在不同生育阶段内光合速率与各因子之间达到不同程度的显著相关性。

表 7-2　光合速率与各因素之间的相关系数

生育阶段	处理	胞间二氧化碳浓度	蒸腾速率	气孔导度
果粒	C1	−0.350	0.368	0.323
膨大期	C2	0.630*	0.268	0.322

（续）

生育阶段	处理	胞间二氧化碳浓度	蒸腾速率	气孔导度
果粒膨大期	C3	−0.519**	−0.125	0.638*
	C4	0.088	−0.360	0.079
	C5	−0.301	0.639*	0.663*
	C6	0.618*	−0.066	0.529**
果粒成熟期	C1	−0.317	0.366	0.626*
	C2	−0.088	0.113	0.269
	C3	−0.266	−0.197	−0.172
	C4	−0.856**	0.516**	0.529**
	C5	−0.658**	0.529**	0.632**
	C6	−0.903**	0.071	0.137
采收期	C1	−0.295	0.051	0.362
	C2	−0.029	0.533**	0.676**
	C3	−0.563**	−0.059	−0.062
	C4	−0.380	0.310	0.270
	C5	−0.062	0.263	0.396*
	C6	−0.353	0.227	0.071

注：* 表示显著相关；** 表示极显著相关。

第七节　不同水肥处理蒸腾速率、光合速率与产量的影响

一、不同水肥处理下蒸腾速率与产量的关系

由图 7 − 26 可知，在相同灌水量处理下，随着施肥量的增加产量逐渐增加，当施肥超过中肥处理时产量基本保持不变，施肥量的变化对蒸腾速率的影响较小，说明施肥量直接影响作物产量，而与蒸腾速率之间的相关性不明显。在相同施肥量处理下，随着灌水量的增加，蒸腾速率逐渐增大，说明灌水量能够促进作物的有效蒸腾，加快作物的生长；蒸腾速率与灌水量之间存在正相关关系。但在高肥处理下蒸腾速率有所下降，这是由于施肥量过大造成根系周围土壤水溶液浓度增加，导致根系吸力降低，抑制了根毛对土壤水的吸收。低肥处理下灌水量的增加可以促进产量的提高，但是中肥和高肥处理下增加灌水量对产量的促进作用不明显，说明增加灌水量对作物产量提高的促进作用不大，但可以促进作物的蒸腾速率。由此可以看出，在不同水肥处理下蒸腾速率与光

合速率之间并没有直接的关系，而是通过水肥耦合效应间接地影响作物的产量。

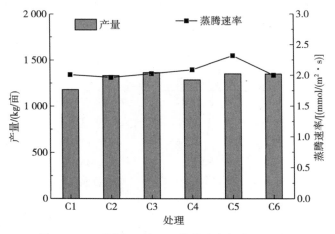

图7-26　不同水肥处理下蒸腾速率与产量的关系

二、不同水肥处理下光合速率与产量的关系

由图7-27可知，在相同灌水量处理下随着施肥量的增加产量逐渐增加，在C2、C3、C5、C6处理下产量相对较高。在低水处理下，随着施肥量的增加，光合速率和产量均呈增加的趋势。在高水处理下，随着施肥量的增加，产量变化不明显，而光合速率呈现先增后降的趋势，说明灌水量的增加对光合速率的促进作用不明显，对产量的影响不大，水肥之间存在着一定的耦合效应。在低肥处理下，增加灌水量可以促进光合速率，提高葡萄产量；在中肥处理下，增加灌水量可以促进光合速率，但是产量的变化不明显；高肥处理下，随着灌水量的增加，光合速率和产量均没有明显变化。由此看出，在相同灌水量

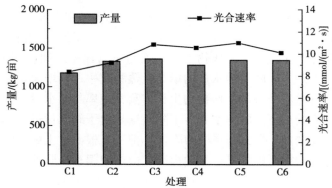

图7-27　不同水肥处理下光合速率与产量的关系

下增加施肥量可以提高作物产量，但是当施肥量超过一定值时对产量的提高没有明显的促进作用。光合速率随着灌水量和施肥量的增加而增加，当灌水量和施肥量达到最大值时会抑制光合速率，说明水肥的拮抗作用在葡萄生长过程中也存在。综合不同水肥处理下光合速率与产量之间的耦合关系以及葡萄的经济效益，本文认为灌水量为 $360m^3$/亩、施肥量为 $100kg$/亩是该地区葡萄种植的最优水肥管理模式。

第八节　本章小结

本章通过不同水肥配比处理下葡萄各生育阶段内光合指标变化特征及光合速率与各因子之间的显著性分析，发现不同的水肥处理下光合指标表现出不同的变化趋势，各个指标之间存在一定的正、负相关性规律，具体内容如下：

第一，葡萄果粒膨大期内在相同灌水量下，随着施肥量的增加，胞间二氧化碳浓度、气孔导度均增加，但在低水高肥处理下胞间二氧化碳浓度与光合速率呈负显著相关，光合速率的减小直接影响光合产物的形成。低水处理下，低肥和中肥处理更有利于光合速率的提高，而高肥处理对光合速率产生抑制效应。高水处理下增加施肥量可以提高光合速率，中肥处理下光合速率更高。

第二，葡萄果粒成熟期内在相同灌水量下，随着施肥量增加，胞间二氧化碳浓度逐渐增加，低水处理下受水分胁迫作用，肥料利用率较低；高水处理下光合速率与其余光合指标之间的相关性均达到显著水平。

第三，采收期内低水中肥处理下，蒸腾速率、气孔导度与其他处理相比较大，与光合速率之间达到显著相关性。在该生育期内减少灌水量和施肥量，灌溉定额应该控制在 $330m^3$/亩、施肥量控制在 $100kg$/亩时光合速率更高。

第四，各生育阶段内胞间二氧化碳浓度均在 16：00 左右出现低谷，气孔导度、蒸腾速率均在 14：00—16：00 达到最小值，出现光合午休。光合速率在 12：00 左右达到最大值，且早晨光合速率大于下午。

第五，灌溉定额为 $330m^3$/亩、施肥量为 $120kg$ 亩时葡萄产量最高；灌溉定额为 $360m^3$/亩、施肥量为 $100kg$/亩时葡萄的光合速率最大，光合速率与产量有一定的相关性，但不完全一致。

参 考 文 献

[1] H. 范柯伦，J. 沃尔夫 . 农业生产模型——气候、土壤和作物 [M]. 北京：中国农业科技出版社，1990.

[2] 谢高地，齐文虎，章予舒 . 中国农业资源高效利用的背景与核心内容 [J]. 资源科学，

1999，21（3）：1-5.

[3] 刘作新，尹光华，孙中和．低山丘陵半干旱区春小麦田水肥耦合作用的初步研究 [J].
干旱地区农业研究，2000，18（3）：6.

[4] 徐学选，翟惠平．水肥协同管理：未来精确农业的基础——评《水肥耦合效应与协同
管理》一书 [J]．干旱地区农业研究，2000（3）：129-130.

[5] 陈修斌，邹志荣，姚静，等．日光温室西葫芦水肥耦合效应量化指标研究 [J]．西北
农林科技大学学报（自然科学版），2004，32（3）：5.

[6] 王艳玲，王鸿斌，赵兰坡．吉林省西部盐化黑钙土区芝麻水肥耦合效应研究 [J]．土
壤通报，2004（4）：430-434.

[7] Brown P L. Water use and soil water depletion by dryland winter wheat as affected by ni-
trogen fertilization1 [J]．Agronomy Journal，1971，63（1）：43-43.

[8] Huang M，Dang T H，Gallichand J，et al. Effect of increased fertilizer applications to
wheat crop on soil - water depletion in the Loess Plateau，China [J]．Agricultural Wa-
ter Management，2003，58（3）：267-278.

[9] Zhouping S G，Shao M G，Dyckmans J. Effects of nitrogen nutrition and water deficit on
net photosynthetic rate and chlorophyll fluorescence in winter wheat [J]．Journal of
Plant Physiology，2000，156（1）：46-51.

[10] 常兴秋，常延明，韩丽红．不同数量肥水对枣树生长及产量的影响 [J]．防护林科
技，2006（zl）：1.

[11] 李生秀，李世青，高亚军．施用氮肥对提高旱地作物利用土壤水分的作用机理和效果
[J]．干旱地区农业研究，1994，12（1）：9.

[12] 信乃诠，赵聚宝．旱地农田水分状况与调控技术 [M]．北京：农业出版社，1992.

[13] 贺普超，罗国光．葡萄学 [M]．北京：中国农业出版社，1994.

[14] Lawlor D W，Cornic G. Photosynthetic carbon assimilation and associated metabolism in
relation to water deficits in higher plants [J]．Plant，Cell & Environment，2002，25
（2）：275-294.

[15] Constable G A，Bange M P. The yield potential of cotton（*Gossypium hirsutum* L.）
[J]．Field Crops Research，2015，182：98-106.

[16] Pérez - Alfocea F，Albacete A，Ghanem M E，et al. Hormonal regulation of source -
sink relations to maintain crop productivity under salinity：a case study of root - to -
shoot signalling in tomato [J]．Functional Plant Biology，2010，37（7）：592-603.

[17] Yi X P，Zhang Y L，Yao H S，et al. Rapid recovery of photosynthetic rate following
soil water deficit and re - watering in cotton plants（*Gossypium herbaceum* L.）is relat-
ed to the stability of the photosystems [J]．Journal of Plant Physiology，2016，194：
23-34.

[18] 郑睿，康绍忠，胡笑涛，等．水氮处理对荒漠绿洲区酿酒葡萄光合特性与产量的影响
[J]．农业工程学报，2013，29（4）：9.

[19] 李彦连，张爱民．植物营养生长与生殖生长辨证关系解析 [J]．中国园艺文摘，

2012，28（2）：36－37.

［20］Shimshi D. The effect of nitrogen supply on some indices of plant - water relations of beans（*Phaseolus vulgaris* L.）［J］. New Phytologist，1970，69（2）：413－424.

［21］戴庆林，杨文耀. 阴山丘陵旱农区水肥效应与耦合模式的研究［J］. 干旱地区农业研究，1995，13（1）：5.

［22］高亚军，李生秀. 黄土高原地区农田水氮效应［J］. 植物营养与肥料学报，2003，9（1）：5.

［23］李立科，田家驹，高华. 磷肥对渭北旱原小麦抗旱增产的作用［J］. 陕西农业科学，1982（5）：7－9.

［24］Arnon I. Physiological principles of dryland crop production［J］. Physiological Aspects of Dryland Farming. U. S. Gupta ed，1975：3－145.

［25］Gardin J，Schumacher R L，Bettoni J C. Abscisic acid and ETEFOM：Influence on the maturity and quality of Cabernet Sauvignon grapes［J］. Revista Brasileira de Fruticultura，2012，34（2）：321－327.

［26］Herralde F D，Savé R，Aranda X. Grapevine roots and soil environment：growth，distribution and function［J］. Methodologies and Results in Grapevine Research，2010：1－20.

［27］梁运江，依艳丽，尹英敏. 水肥耦合效应对辣椒产量影响初探［J］. 土壤通报，2003，34（4）：262－266.

［28］孙志强. 陇东旱地水肥产量效应研究［J］. 干旱地区农业研究，1992，10（4）：5.

［29］周欣，滕云，王孟雪. 东北半干旱区大豆水肥耦合效应盆栽试验研究［J］. 东北农业大学学报，2007，38（4）：441－445.

［30］杜太生，康绍忠，闫博远. 干旱荒漠绿洲区葡萄根系分区交替灌溉试验研究［J］. 农业工程学报，2007，23（11）：7.

［31］毛娟，陈佰鸿，曹建东. 不同滴灌方式对荒漠区赤霞珠葡萄根系分布的影响［J］. 应用生态学报，2013，24（11）：7.

［32］杨艳芬，王全九，白云岗. 极端干旱地区滴灌条件下葡萄生长发育特征［J］. 农业工程学报，2009，25（12）：45－50.

第八章
北疆葡萄的田间管理技术

我国葡萄生产自 20 世纪 80 年代以来得到了迅速发展，截至 2020 年我国鲜食葡萄的种植面积约为 $72.62 \times 10^5 hm^2$，产量为 $1\,431.4 \times 10^4 t$，种植面积位居世界第二，产量居世界第一[1]。北方地区始终是我国葡萄生产的主要产区，其中新疆、山东、河北、辽宁、河南等地在我国葡萄生产中一直占有主导地位，长期的葡萄种植促使我国的葡萄种植区域优势逐渐凸显、栽培形式多样、品种结构逐步完善[2]。新疆因日照时间充足，年降水量较少，昼夜温差大，极其适合葡萄种植。新疆有众多的特色葡萄种植基地，种植面积位居全国首位，2020 年种植面积达 $12.30 \times 10^4 hm^2$，产量达 $306.6 \times 10^4 t$[1]，因而在此基础建立了很多新疆自主的葡萄酿酒产业。北疆作为最适宜提供葡萄酒原料的生产地之一，目前在我国北疆盆地已经有非常多的葡萄酒生产加工企业，并随着生产能力的扩大形成了很多的葡萄酒庄[3-4]。随着葡萄产业的发展，目前在北疆地区葡萄酒品类及葡萄品种已有几十种。此外，新疆创立了非常多的有机食品生产基地，除了葡萄酒以外，享誉全国的还有葡萄干、葡萄汁等产品[5]。

随着市场对葡萄品质要求的不断提高，很多葡萄生产中的问题逐渐暴露出来。目前在新疆栽培的葡萄中，主要以中熟为主[6]，并未形成区域化种植和合理的品种结构[7]；在生产的过程中并未形成标准化种植模式，多数葡萄种植区的种植观念仍停留在数量效益型的阶段，对质量效益型、品牌效益型认识不足[8]；此外，产业技术服务支撑体系不够完善，葡萄酒文化建设认识不足，缺乏对区域葡萄酒产业的宣传[9]，加之自然灾害频发和种植成本高昂使得葡萄的生产投入变得更高。

目前，国内外针对水肥耦合对葡萄生长发育和产量的影响已经进行了大量研究[10-13]，但新疆的葡萄生产基地大部分在戈壁滩的盐碱地上。葡萄作为北疆地区的经济作物，由于粗放的田间管理使得北疆葡萄的亩均生产成本居高不下[14]，因此针对其特殊自然条件，作者总结了北疆的盐碱地种植葡萄的田间管理规程并优化了种植模式[15]。对此，北疆地区要想真正增加产量，扩大规模，提高葡萄的产品质量，就必须从农业、化学、生物及物理等几个方面入手，大力解决病虫害问题[16-17]，有效提高葡萄植株的抗病性[18]，广泛推广水肥一体化技术，提高水肥利用率[19]，推广秋施基肥[20]、有机肥替代化肥和葡萄枝条粉碎还田循环利用等土壤管理技术[21]，增加地力，改善土壤结构，改善农田生态条件，实现本地区葡萄产业的可持续发展[22-23]。

为大力提高新疆葡萄的经济效益，作者着眼于提高田间管理水平，科学指导农民的实际生产。本章主要介绍了葡萄从园地选择到成熟采摘的整个管理规程，在基于作者的试验研究的前提下优化种植模式，并结合当前极度干旱区的缺水现状，将节水灌溉及土壤水、肥、盐调控[11,24-29]等研究成果总结归纳，提出了适合北疆极度干旱区的盐碱地葡萄种植的田间管理规程。本章重点从农艺的角度出发并详细阐述了葡萄栽植、水肥及树体管理等步骤，以期能够指导北疆葡萄的生产。

第一节 园地选择

葡萄种植园区应为交通方便、集中连片的区域。预选地块必须先进行土壤调查分析，符合以下要求方可种植葡萄。大气、灌溉用水、土壤未被污染，生态良好的地区，且大气、灌溉水质、土壤等各项指标均符合绿色食品环境标准。盐碱轻，土壤 pH 小于 8.2；SO_4^{2-}、Cl^- 等盐离子浓度小于 0.1%，地下水位（春季、秋季）在 1.5m 以下，选择砂壤土、轻黏土为主的熟化土壤，忌选重黏土、纯砂土结构土壤。

第二节 葡萄园规划

根据地块自然状态和滴灌系统灌溉情况，每 500 亩左右为一个规划大区。为便于管理，提高土地利用率，结合道路规划及滴灌系统的地下管道分布情况，可进一步划分为若干 30～50 亩的管理小区，小区内设置简易道路；根据种植面积，合理设置葡萄采收分选场地。

葡萄行方向一般南北向，若已预设滴灌设施或东西向坡度太大，则以预设滴灌设施滴灌带走向或地形坡度小确定葡萄沟方向。葡萄沟长一般为 50～120m；坡度大，沟距短；坡度小，沟距长；沟间距为 3.5m（沟心对沟心的距离）；葡萄株行距：2.0m×3.5m；每亩栽植 88～95 株。

树体架式采用"厂"字形独龙干架式。棚架架式采用水平连棚架，一般以南北向为宜。前后柱间距与行距相等为 3.5m。行间前后架柱用一根 4mm 粗的冷拔丝，从前柱顶处拉向后柱顶处，不剪断冷拔丝，连续向后牵引，一直到地边的边杆固定，然后从前往后用拉丝将顶部的冷拔丝与水泥杆斜拉成一定的角度固定。每行两端架杆设置外牵引式地锚，地锚桩采用不短于 50cm 的水泥杆（图 8-1）。

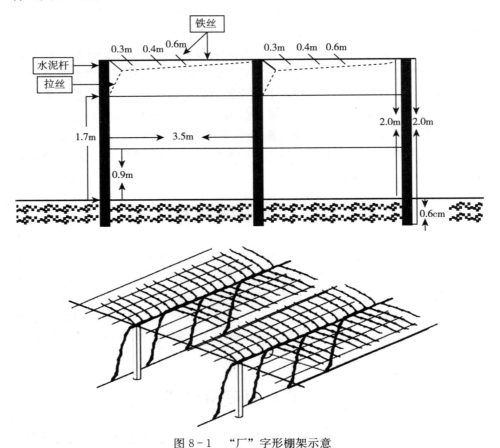

图 8-1 "厂"字形棚架示意

　　架柱采用水泥柱，水泥柱标准：260cm×10cm×12cm，预制时内设置钢筋（φ4mm）4 根，中间加五道箍。水泥柱埋入地下 0.6m，露出地面 2m。顺行柱间距 5m，距离定植行 40cm，每亩需架柱约 38 根。葡萄架面沿行向拉丝（φ2.5mm）8 道，其中 2 道固定在水泥柱中，距地面 90cm 处设第一道，间隔 80cm 设第二道，第二道采用 φ5～6mm 钢筋；6 道铁丝按葡萄沟方向拉在水平棚架的冷拔丝上，水平棚架面上共计 6 道铁丝，幅宽 2.6m。在行向两侧各有 3 道铁丝，第一、二、三道铁丝间距分别为 30cm、40cm、60cm。小区边、路边和地边行葡萄无法架设水平连棚架，可采用篱架架式。

　　防护林以 250 亩为标准条田建防护林。防护林包括与主害风方向垂直的主林带、与主林带垂直的副林带和果园边界林。主林带由 5～6 行乔木构成，主林带之间相距 300～500m。副林带由 2～3 行乔灌木构成，副林带之间相距

150～200m。树种以杨树为主，禁用白腊和榆树。

大型葡萄园道路可分主干道、支道和作业道。主干道贯穿全园，外与公路相接，内与支道相连，宽6m以上，十字路口设转盘；支道与主干道垂直，设在小区旁，上与主干道相接，下与作业道相连，宽4m；作业道设在小区内以便于作业。

灌溉方式采用滴灌，相应的管道铺设需在葡萄定植前埋设完毕。此外，还需设置看护人员住房、药房、库房、肥料场、贮藏窖等。

第三节　栽植前准备

一年施入2次基肥，第一次在萌芽前，结合施用催芽肥，全园翻耕，深度15～20cm，既可使土壤疏松，增加土壤氧气含量，又可提高地温，促进发芽。第二次是在秋季，结合秋施基肥，全园耕翻，尽可能深一点，即使切断一些根也不要紧，反而会促进更多新根生成。注意这次深翻宜早不宜晚，应当在早霜来临前一个半月完成。按葡萄栽植行向挖沟，沟深和（上口）沟宽分别为20cm和80cm（图8-2），保证沟间距准确，沟行要直，并使上层熟土和下层生土分开堆放。

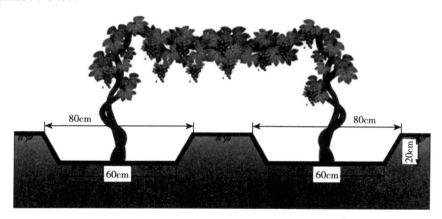

图8-2　葡萄定植沟示意

第四节　栽　　植

一、苗木处理

为防止葡萄冬季受冻，确保葡萄安全越冬，新建葡萄园应采用抗寒砧木嫁接苗定植。嫁接时间为4月15—30日。嫁接时保证接穗部分的粗度在0.4cm以上，成活饱满芽 2 个以上。砧木上选取 4 条以上主根，要求根长 20cm 以上，须根发达，根系未受冻、未失水干枯、未霉变。嫁接前需将苗木根系在清水中浸泡 12h。选择合格苗木，将主根剪去 1/2～2/3 长度，同时剪去过长根、干枯根、前端霉烂根，露出新鲜白色根系即可。然后在 25～50mg/L 的 APT 生根粉液中浸根 10～20min。最后调制泥浆，用清水、黄土（不含盐碱）和 3‰ 磷酸二氢钾混合均匀调制成泥浆；将剪根后经过 APT 生根粉液浸泡过的苗木根部在泥浆中浸沾片刻捞出，使每条根都沾有泥浆。

二、栽植

按株行距拉线定点，用铁锹挖穴栽植。定植穴长宽深尺寸为 30cm×30cm×30cm，先将表土填入穴底堆成"馒头"状，放入苗木理顺根系，培土、轻提苗木顺根踏实，最后将土培出地面踏实。

要求：

一是葡萄苗剪根工作在阴凉处进行，苗木根部不能长时间风吹日晒。未能及时剪根的苗木应用湿草帘遮盖。

二是顺葡萄行向倾斜栽植，苗木与地面呈 30°～45°，有利于压倒埋土。

三是栽植深度：一年生嫁接苗栽植嫁接部位距地面 4cm 左右为宜，严禁将接穗部分埋入土中，以发挥砧木的抗寒性能。在每年春季出土清沟时，仍需注意彻底清沟，避免接穗生根。

四是栽苗 15～20d 后检查成活情况，成活率应达 95%，对死苗和缺苗及时进行补苗。在此过程中要边栽苗边浇水，栽苗后浇水时间最迟不能超过 12h。将苗木地上的部分全用湿土覆盖埋严，以防幼芽抽干，待芽萌发后，揭除覆土。对于先栽苗后覆膜地块，注意适时破洞放苗。

第五节　水肥管理

一、灌水管理

待施肥工作结束后即进行浇水，须在 4 月 10 日前完成灌溉制度（表 8-1），浇水时要保证浇足、浇透。浇水后待地里稍干、可进行人工作业时进行修整定植工作，保证沟道整直、整平，该项工作应于 4 月 15 日前完成。修整沟道时将沟道修至底宽 60cm、上口宽 80cm、深 20cm，呈倒梯形样即可。定植时保证葡萄苗顺沟向，并与地面呈 30°～45°，向同一方向倾斜栽植在沟底中心。

当采用滴灌时，灌水量的多少要依据生育期及天气情况来定。花前水要少，生长旺盛期及幼果膨大期要多，在高温时段要注意补水。在没有流量计或计量不准确时，可依照土壤的湿润情况来判断是否需要补水。此外，针对不同的土壤类型要采取不同的灌水时间，当土壤为黏性土壤时灌水时间应延长，当为砂质土壤时可缩短灌水时间或间歇性灌水。

表 8-1 灌溉制度

灌次	灌水时间	生育阶段	灌溉方式	灌水量/(m³/亩)
1	5 月 08 日	萌芽水	膜下滴灌	40
2	5 月 22 日	花前水	膜下滴灌	35
3	6 月 05 日	坐果水	膜下滴灌	35
4	6 月 19 日	膨果水	膜下滴灌	35
5	7 月 03 日	膨果水	膜下滴灌	40
6	7 月 17 日	膨果水	膜下滴灌	40
7	8 月 10 日	采收水	膜下滴灌	35
8	10 月 12 日	冬灌	沟灌	100
	合计			360

二、施肥管理

1. 基肥

基肥的施入和原土的回填在葡萄沟挖好后即进行。基肥的种类可是腐熟羊粪、鸡粪、猪粪等，用量为每亩 6m³，生物有机葡萄专用肥为每亩 100kg。施用时先将腐熟羊粪、鸡粪、猪粪等施入葡萄沟底部，保证肥料充足并均匀地施入，然后回填表层熟土至栽植沟一半处，然后施入生物有机葡萄专用肥，最后回填生土至沟深 20cm 处。

2. 生育期施肥

葡萄苗成活发出绿叶后（5 月上旬），每隔 5d 喷洒"奇丽施"等多元微肥一遍，共喷两遍。待葡萄苗栽植成活开始生长后（5 月中旬），追施"奇丽施"等腐植酸肥（2～3kg/亩）或尿素一遍（20～25kg/亩）。7 月中旬追施可溶性氮、磷肥（15～20kg/亩）及钾肥（5～10kg/亩）一遍。并结合防病喷药，加入 0.3%磷酸二氢钾，叶面施肥 2～3 次。具体施肥量详见表 8-2。

表 8-2 肥料施用量

尿素/(kg/亩)	二铵/(kg/亩)	硫酸钾/(kg/亩)	总施肥量/(kg/亩)
22	38	40	100

利用滴灌系统施肥时，可以购置专用的施肥装置，也可以自己制作：用一个废旧的油桶，放在高于地面 1m 的地方，下部出液灌与安装滴灌软管的支管连接，上部用自来水管不间断地加水，以保持压力，将溶解好的肥料按规定浓度不断地加入其中，肥液即随滴水滴入根际土壤之中，从而完成施肥。另一种方式是将化肥溶液用微型泵或喷雾器加压压入支管当中。加入肥液一般应在灌溉结束前半小时完成，导入肥料的孔在不使用时也应密闭，以防止肥料浓缩堵塞滴管。

第六节　覆膜滴灌布置

4 月 15 日前完成滴灌带铺设工作，薄膜宽 200cm 以上；在已修整好的定植沟内铺膜，采用膜下滴灌方式将滴灌带和膜一同铺好（或先栽苗后铺滴灌带和膜）。于 8 月初去除地膜和滴灌带，对果沟深翻。

采用膜下滴灌技术能缓慢均匀地给葡萄供水，减少果园灌溉次数和用水量，防止土壤板结，改善土壤结构，增加土壤微生物活动，促进土壤有机质和矿物质的分解，提高土壤中有效养分的含量，满足葡萄生长发育的需求。

第七节　树体管理

最终的管理目标为树体的成活率达 95% 以上，独龙干树体主蔓充分成熟长度达 120cm 以上，剪口粗度达 0.6cm 以上。

一、冬季修剪

秋末冬初落叶后至第二年伤流期前均为冬季修剪适宜时期，北疆地区宜于当年 10—11 月。冬季修剪采用的结果枝组更新方法有两种，即单枝更新和双枝更新。单枝更新的方法：选留 1 个靠近主蔓的一年生枝，留 3～4 个芽短截，从发出的新梢中选留 1～2 个结果枝，结果后于冬剪时仍自基部留 3～4 个芽短截，如此重复。双枝更新的方法是：每个枝组选留 2 个靠近主蔓的一年生枝，对上面的一个实行中梢修剪（留 4～7 节短截）作为第二年的营养枝；第二年冬季修剪时，将上面已结过果的结果母枝疏除，再从下面实行短梢修剪的一年生枝上发出的新梢中选留 2 个，重复上年的修剪方法。

冬季修剪时，结果母枝的选留长度十分重要。栽培上通常将结果母枝的选留长度分五个等级，即选留 1 个芽的为超短梢修剪，选留 2～3 个芽的为短梢修剪，选留 4～7 个芽的为中梢修剪，选留 8～12 个芽的为长梢修剪，选留 13 个芽以上的为超长梢修剪。实际修剪时，结果母枝的剪留长度要根据品种特性、枝条着生部位、健壮程度等综合因素来考虑。

二、夏季修剪

夏季修剪同样很重要。由于葡萄当年生枝条生长量大，长出的夏芽具有早熟性，会出现一次甚至多次副梢，容易造成枝叶过多，架面郁闭，影响通风透光，病虫害严重，不利于开花结果、花芽分化和枝条成熟，因而必须及时合理地进行夏季修剪。葡萄夏季修剪的主要内容包括抹芽、疏梢、疏花穗、主梢摘心、副梢处理、花穗整形等。

三、树体管理

葡萄苗成活萌芽后，选留一个强壮新梢当主蔓，其余芽和枝抹除。

1. 主蔓管理

葡萄主蔓高度 0.8m 时进行摘心（6月底打顶）；8月上旬，所有主蔓全部摘心一遍。

2. 副梢处理

主蔓摘心（打顶）后顶端新长出的副梢保留1个，8～10枚叶时摘心。下部副梢留3枚叶摘心，二、三次副梢留一枚叶反复摘心。待立秋后，距离地面20cm 内的叶片、副梢全部抹净。

3. 栽水泥柱拉冷拔丝

第一，葡萄苗栽植前，可同时生产或定购水泥柱。葡萄栽植工作完成后，利用闲暇栽植水泥柱。

第二，东西向葡萄沟，水泥柱栽南边；南北向葡萄沟，水泥柱栽东边。

第三，水泥柱栽植：拉线定点，距葡萄植株行40cm，栽深60cm，填土踏实。水泥柱纵横成直线，埋深一致。

第四，拉冷拔丝，距离地面90cm 处，拉第一道冷拔丝，绷紧并用细铁丝固定在水泥柱上。

第五，拉钢筋：在距地面1.7m 处拉 ϕ5～6mm 钢筋。

4. 引缚上架

葡萄新梢生长至30～40cm 长时，及时用绳等牵引物将新梢向同一方向倾斜牵引上架；主蔓同地面保持30°～45°夹角。

5. 清园消毒

清除修剪下来的枯枝落叶和杂草。在中午温度高于16℃时，用5波美度石硫合剂对植株及全园进行消毒处理；若温度低于16℃时，可采用等量式波尔多液进行消毒处理。

6. 埋土防寒

10月下旬平均气温降到5℃时进行埋土，一般年份在10月下旬开始，11月上旬结束。

塑料薄膜覆盖法：先埋土30cm，后覆盖厚0.01cm、宽1.5～2m塑料薄膜，最后用土封严膜边。

复合塑料编织布（俗称彩条布）覆盖法：将葡萄枝蔓顺沟压好后，将复合塑料编织布覆盖到葡萄枝蔓上，然后覆土30cm。

注意事项：采用机械埋土、人工埋土必须在距葡萄主根部1.2m以外取土，不允许在树体根部取土。根部附近不能留深沟，以免侧冻。

7. 投放鼠药

鼠药的选择：选择毒力适中（严禁含毒鼠强成分），不会产生生理耐药性；化学稳定性好，二次中毒的危险性小，具有水溶性或脂溶性，有利于毒饵配制。

鼠药的配制：现以"敌鼠灵诱杀剂"为例，本药剂每千克可配制50～60kg毒饵。如小麦等食物拌均匀20min后待药液完全吸收后可直接投放葡萄园，老鼠在5m之内闻到药的香味会自行上来，食药后3h至4d内相继凝血死亡。

鼠药的管理：需要有专人管理、发放和记录。拌药人员要戴口罩、胶手套等防护衣具，安全操作。严禁拌药、投药时吸烟、进食，若有不适现象，及时就医。葡萄园投放鼠药后，要挂警示牌，以防牲畜入园中毒。投放毒饵量为1kg/亩，以每小堆以10g为基数，用一次性容器盛装，顺沟坡堆放。

参 考 文 献

[1] 国家统计局.中国统计年鉴 [M].北京：中国农业出版社，2014.

[2] 史梦雅，孙海艳，李荣德.我国葡萄品种登记现状及种业发展情况分析 [J].中国果树，2021（10）：88-91.

[3] 赵志华.浅谈新疆葡萄生产现状及病虫害防治措施 [J].河南农业，2021（8）：14-15.

[4] 朱孔泽，王超萍，郑磊.葡萄酒庄适用法规分析及标准体系建设探讨 [J].中外葡萄与葡萄酒，2021（5）：82-86.

[5] 谢辉，张雯，伍新宇.新疆葡萄干生产研究现状及展望 [J].北方园艺，2015（21）：182-184.

[6] 刘凤之，段长青.葡萄生产配套技术手册 [M].北京：中国农业出版社，2013.

[7] 吾尔尼沙·卡得尔，刘凤之，刘丽媛.新疆吐鲁番葡萄产业发展及转型升级建议 [J].中国果树，2021（11）：94-97.

[8] 耿鹏鹏，杜文忠.智慧农业过程模型及系统框架分析 [J].经济界，2020（2）：82-89.

［9］ 李小红，李运景，马晓青．我国葡萄产业发展现状与展望［J］．中国南方果树，2021，50（5）：161－166.

［10］ 王振华，权利双，何建斌．极端干旱区水肥耦合对滴灌葡萄耗水及产量的影响［J］．节水灌溉，2014（6）：13－15＋18.

［11］ 龚萍，何新林，刘洪光．水肥耦合对幼龄葡萄耗水和生长的影响［J］．灌溉排水学报，2015，34（S1）：10－14.

［12］ Hebbar S S，Ramachandrappa B K，Nanjappa H V. Studies on NPK drip fertigation in field grown tomato（*Lycopersicon esculentum* Mill）［J］．European Journal of Agronomy，2004，21（1）：117－127.

［13］ Huang M B，Dang T H，Galliehand J，et al. Effect of increased fertilizer applications to wheat crop on soil water depletion in the Loess Plateau，China［J］．Agricultural Water Management，2003，58（3）：267－278.

［14］ 冯建英，穆维松，田东．我国设施葡萄生产成本地区间差异研究［J］．技术经济与管理研究，2014（9）：115－119.

［15］ 陆华天，刘洪光．开沟覆膜滴灌条件下葡萄生育期土壤温度变化研究［J］．节水灌溉，2018（12）：38－43.

［16］ 周朝霞，莫之荣，刘华．果实套袋控制水晶葡萄病虫为害的关键技术［J］．中国植保导刊，2014，34（9）：38－39.

［17］ 卢远华．葡萄病虫害的发生与防治［J］．中国南方果树，1996（2）：48－49.

［18］ 龚萍，刘洪光，何新林．水肥状况对幼龄葡萄光合特性的影响研究［J］．中国农村水利水电，2015（7）：10－15.

［19］ 庄树明，庄延波．葡萄实行果实套袋可防止果穗病虫为害和果粒裂口［J］．落叶果树，1994（S1）：73.

［20］ 刘双喜，徐春保，张宏建．果园基肥施肥装备研究现状与发展分析［J］．农业机械学报，2020，51（S2）：99－108.

［21］ 唐红，冯建英，张雪洁．鲜食葡萄化肥施用技术效率测算及空间特征分析［J］．中国果树，2019（1）：37－41.

［22］ 张付春，钟海霞，郝敬喆．新疆葡萄园机艺融合现状及需求分析［J］．中外葡萄与葡萄酒，2021（2）：60－67.

［23］ 武运，田歌，陈新军．新疆葡萄酒产业发展趋势新视角探析［J］．中国酿造，2018，37（10）：195－199.

［24］ 叶建威，刘洪光，何新林．葡萄组合式滴灌条件下土壤水分运移规律模拟研究［J］．灌溉排水学报，2016，35（9）：93－98.

［25］ 叶建威，刘洪光，何新林．开沟覆膜滴灌条件下土壤水、温变化规律研究［J］．节水灌溉，2017（3）：1－4＋7.

［26］ 刘洪光，何新林，王雅琴．调亏灌溉对滴灌葡萄耗水规律及产量的影响研究［J］．灌溉排水学报，2010，29（6）：109－111.

［27］ 刘斌，刘洪光，何新林．组合式滴灌水分运动规律试验研究［J］．灌溉排水学报，

2013, 32 (4): 28 - 31.

[28] 李鑫鑫, 刘洪光, 林恩. 基于 (15) N 示踪技术的干旱区滴灌葡萄氮素利用分析 [J]. 核农学报, 2020, 34 (11): 2551 - 2560.

[29] 龚萍, 刘洪光, 何新林. 滴灌葡萄的双线源水分分布特征及计划湿润层深度计算研究 [J]. 节水灌溉, 2012 (2): 9 - 12.

图书在版编目（CIP）数据

北疆滴灌葡萄水肥盐调控研究与实践 / 刘洪光等著
. —北京：中国农业出版社，2023.10
ISBN 978-7-109-30861-9

Ⅰ. ①北⋯ Ⅱ. ①刘⋯ Ⅲ. ①葡萄栽培－滴灌－肥水
管理－研究－新疆 Ⅳ. ①S663.107.1

中国国家版本馆 CIP 数据核字（2023）第 121857 号

中国农业出版社出版
地址：北京市朝阳区麦子店街 18 号楼
邮编：100125
责任编辑：卫晋津　文字编辑：张田萌
版式设计：王　晨　责任校对：吴丽婷
印刷：北京中兴印刷有限公司
版次：2023 年 10 月第 1 版
印次：2023 年 10 月北京第 1 次印刷
发行：新华书店北京发行所
开本：700mm×1000mm　1/16
印张：12
字数：228 千字
定价：68.00 元